U0008883

帶當

起便

一冷

免微波

不用蒸

國民媽媽教你輕輕鬆鬆30分鐘做出粉絲狂讚、
美味又健康的每日餐盒

宜手作——著
YIFANG's handmade

積木文化

Contents

Chapter1

一週冷便當

希望孩子吃的健康的確是我開始做菜與帶便當的起點，但另一個主要原因是「媽媽味」。

我的「便當」從小就是同學羨慕的焦點，我媽媽幫我帶的便當不是以美觀取勝，但總是美味豐盛。從小吃媽媽的菜，不覺得有什麼特別，將一切視為理所當然，直到長大離家到外地唸書，發現最想念的居然是家裡餐桌上最日常的菜色、那一道道濃濃的媽媽味。為了傳承，也為了表達對孩子的愛，我要把這個媽媽味留下，畢竟「媽媽的菜，是外出遊子最想回家的理由。」── 宜手作

內頁標示 ▶ 符號即有示範影片連結，請參見最後一頁

國民媽媽少女心

劉昭儀／我愛你學田市集負責人

　　我和她結緣是以同為家長的身分，因為我們的女兒曾經是同班同學。我的女兒上國中之後，開始帶便當，彼時我是一個不知天高地厚的便當界菜鳥，每天在臉書上以便當記錄我的家庭生活，以及從家常料理中實作學習的甘苦趣味。後來突然發現……女兒同學的便當出現了一位狠角色，我才驚覺，自己居然忝不知恥的虛張聲勢、賣弄耍刀，只好改變戲路，專心走上料理諧星之路（並沒有這條路好嗎？）。

　　之後持續追蹤觀察宜芳的便當料理，從假想敵（也太高攀），識時務的轉成粉絲，默默地復刻她的便當菜色；而後有機會，我們一起為料理課堂規劃一系列的「便當升學保證班」，透過一起柴米油鹽的革命情感（有這種革命嗎？），除了被洗腦，讓我也開始每天早起做料理，讓女兒帶「冷便當」之外，我更發現在社群媒體，被萬民擁戴的國民媽媽宜芳，對食物與料理的純情，完全投射到家庭的維繫與凝聚，那種一心一德、專注奉

獻與樂在其中，根本就是個天真無邪的少女！

　　帶著少女面具的宜芳，在廚房料理台之前，卻是不慌不忙的端出了變化萬千的各種便當組合。每天早上讓她的孩子成為成千上萬人羨忌的對象，只為了打開便當時視覺的驚喜，以及入口的美好滋味，其實還有日日包覆著便當外盒的愛與深情。

　　我不會只將這本書視為便當料理書，這是一本心中還住著少女純情的國民媽媽寫給家人的美麗情書！

挑戰食材的各種可能

宜手作／YIFANG's handmade

在我成長的年代，班上大多數的同學都會有便當，但到了這一代，帶便當的孩子已經變成少數。時代變遷，生活方式與薪資結構不同，我能了解大部分媽媽們的選擇。我也曾經讓兩個小孩吃學校的午餐，只是在爆發多起食安事件後，深深覺得該站在第一線為孩子的健康把關，因此除了早、晚餐，帶便當便成了我日常生活的必要事項之一。

為了讓自己保持煮飯的熱情，也為了讓家人吃得開心，我盡可能在菜色上做變化，就像我常跟小孩說的，開心也是一天，不開心也是一天，既然都要把該做的事做好，那就選擇好好的過每一天。

於是我挑戰食材的各種可能，也把每個便當視為自己的作品，想到家人打開便當時的驚喜表情，還有小孩說：「好好吃！」就是媽媽這個角色最得意的時候。

很多人以為烹飪是我的主要興趣，其實早在分享每日便當之前，我的臉書粉絲頁放的是各種手作作品。我的興趣太多，每件事情都想嘗試，但家庭主婦的空閒時間很瑣碎，必須在最省時、省力及省錢的方式下完成，

所有的興趣只能自學、自己摸索，就連煮飯也是。慶幸的是，自學的過程中，因為長期重複練習與經驗累積，讓我在分享食譜與便當課的教學課程上比較能站在學習者的立場給予較好的建議，讓廚房新手覺得煮飯不是件難事，可以跳過我遇到的摸索階段，直接上手。

每每收到網友的留言、私訊或是課堂上學員的回饋，感謝我讓他們廚藝進步，或是感謝我的食譜讓他們的家人吃得滿意，都會讓我感動很久，也讓我更有動力繼續分享下去，這也是出版這本書的主要目的。

這是一本輕巧的工具書，出發點是希望讀者能透過簡單、省時的方式輕鬆煮飯和帶便當。我也曾經想過要列出各種食材分類和秀出大量食譜，但如果太複雜，讀起來也是一種壓力，就像吃到飽餐廳，每種菜都想吃，最後不是吃太撐，就是沒辦法好好品嘗各種菜色。同時我也認為，煮飯這件事不該佔據日常太多時間，生活中有太多有趣的事了，應該快快煮好飯，好好陪伴家人和享受生活！

各種便當都試過，最愛冷便當

你我都吃過冷便當

很多人聽到「冷便當」，直覺反應就是吃冰冷的便當，其實並不然，冷便當是熱熱的煮好，放涼後不再復熱的便當。想想看是否曾經因為太忙或有事耽擱而延遲一兩小時才吃便當，飯菜都涼了才開動？那就是冷便當。再想想是否吃過日式飯糰？沒錯，飯糰熱熱時捏好，等拿到手上時也已經放涼數小時，那也是冷便當。

為了孩子做便當

女兒小時候食慾差，腸胃吸收不好，從幼稚園到國一，她的身材在同年紀的孩子裡顯得非常瘦小，怕影響發育，從她五年級開始我捨棄了學校的營養午餐，親自幫她帶便當。每天早上送完小孩出門上學，接著上市場買菜，回家整理後，大約 11 點開始準備，中午 12 點送便當到學校，順便接低年級的弟弟回家，這兩年都是**親送便當**。

上了國中，學校有熱食部和餐飲部，選擇很多，我讓她中午和同學一起去學校餐廳用餐，沒想到才一個月，某天回家她說吃膩了學校餐廳，想帶便當，媽媽便當店就在措手不及的慌亂中再度開張，女兒不愛蒸便當的味道，我也不想每天幫她送去學校，保溫盒便當於是上場，每天早上幫她把餐點熱過，放入**保溫盒便當**，中午溫溫的吃，這一帶又是兩年。

到了國三，經由朋友介紹，我拿到一款有分隔的不鏽鋼便當盒，飯菜可以分開，味道不易混合，女兒接受度高，就這樣帶了一年的**蒸便當**到她國中畢業。

這幾年下來，做了上千個便當，為了保持帶便當的熱情，除了菜色上盡量多變化，女兒上高中後，我便開始嘗試**冷便當**，每天早起做便當成了自我的挑戰，當第一個學期結束時，我為自己能撐到期末感到開心並且有很大的成就感，更重要的是，小孩非常喜歡冷便當的口感和味道，原以為只會幫小孩帶一學期冷便當的我，至今已帶了兩年，現在還在進行中。

冷便當真的是很好的選擇

台灣是非常少數有蒸便當習慣的國家，最喜歡帶便當的國家——日本，無論大人小孩，幾乎都是帶冷便當。幾年前 NHK WORLD 的便當節目來台灣拍攝，導演看到我女兒學校的蒸飯室非常驚訝，也讓我自問：便當一定要吃熱的才好嗎？這也是為什麼我後來嘗試帶冷便當的原因之一。

冷便當 Q&A

台灣學校的蒸飯設備是最近這幾十年才有的，在這之前，我們的爸爸、媽媽、阿公、阿嬤帶的便當也都是冷便當。蒸便當的最大功能就是讓小孩能吃到熱騰騰的飯，但是高溫蒸過之後，很多營養也因此打折，不是嗎？

冷便當、熱便當我認為是習慣問題，大家都習慣飯菜要吃熱的，所以對冷便當的接受度很低、存疑度很高，我自己也是經歷幫小孩親送便當、保溫盒便當、蒸便當，直到後來才敢嘗試冷便當。

如果你問我，要幫小孩帶什麼樣的便當好？我會說「冷便當」真的是很好的選擇，以米飯來說，冷飯的升醣指數（GI）遠比熱飯低很多，而且口感更Q，像我最愛的飯糰，也是冷冷地吃最好吃。另外菜色也有更多選擇，不用擔心蒸過會變色變味。冬天如果太冷，可以用燜燒罐或保溫罐帶熱湯，反而更有幸福的感覺。

Q1 什麼是冷便當？

A 冷便當是指早上做好的便當，放涼後蓋上便當蓋帶出門，中午不蒸不加熱，直接吃的便當。

Q2 每天要多早起床？

A 我家小孩的學校離家裡很近，照理說我大約 6:30 起床就可以，但我常臨時才決定要煮什麼，有時候又會突然改變菜單，所以為了讓自己心安，也讓自己有時候可以賴床，我鬧鐘都是調 5:30 起床。

Q3 每天早上花多少時間準備冷便當？

A 大約 30 分鐘就能完成，等菜涼的時間就拍便當照，順便準備早餐。

Q4 我也想要幫小孩做冷便當，又怕早上時間不夠，請問有沒有快速的方法？

A 有快速的方法。就是周末先採買好一週的食材，然後前一晚再把隔天要煮的食材先準備好。以燙青菜來說，可以先洗淨再分切，放保鮮盒裡冷藏。如果是肉類，能醃就前一

晚先醃，早上起來只要煎或烤就好。漢堡排或絞肉類則是先拌好，早上起來再捏再煎，並不會很花時間。另外，我也會前一晚就先把米洗好，預約早上 5:30 煮好，也能節省很多時間。

Q5 什麼樣的食物不適合冷便當？

A 冷便當的食材比較不受限制，比蒸便當選擇多很多，大部分的食材都適合。但不建議太油的食物，因為油脂冷卻太久會影響口感和味道。

Q6 帶冷便當時該如何選擇便當盒？

A 冷便當最大的優點之一就是幾乎任何便當盒都適用，無論鋁製、木製、塑膠、不鏽鋼等，我也很喜歡用鐵製的餅乾盒來當便當盒，別有一番風味。

Q7 冷便當早上就做好，到中午不會壞掉嗎？

A 我想最重要的是放進便當的食材有沒有乾淨、新鮮。會讓食物快速敗壞的最大原因是細菌，也就是說，如果烹煮的方式不對、或

是手沒洗乾淨、或是食物碰到口水，那就很容易讓便當酸壞。

另外，溫度也會加速細菌的增長，因此我都會提醒要帶冷便當的媽媽們，先把飯菜放涼再裝進便當再加蓋，不要讓熱氣悶在便當裡。夏天或要帶去戶外的便當，我也都會用有保溫效果的便當袋裝，並在袋內放一兩個保冷劑，防止便當因溫度過溫而成了細菌的溫床。

最愛便當盒 & 保冷劑

[鋁製便當盒]

造型簡單，重量輕，但只適合用於冷便當。（鋁製品不適合高溫加熱。）

[不鏽鋼便當盒]

造型俐落，耐高溫，可蒸。

[木製便當盒]

有木頭香味，重量輕。不適合蒸、不適合醬汁多的菜餚。平常要保持乾燥防止發霉。

[琺瑯便當盒]

可蒸、可烤，焗烤類的便當菜（如千層麵）可直接放入烤箱烤。

[泰國琺瑯多層便當盒]

輕巧好攜帶，分格多，可蒸。

[竹編便當盒]

重量輕，適合飯糰或三明治等輕食類。（可先鋪一層烘焙紙再放食物，這樣比較好保養。）

[餅乾鐵盒]

造型特別，花色多變，可用來攜帶輕食，或野餐用。

[塑膠便當盒]

重量輕，適合冷便當，不能加熱。

[矽膠便當盒]

重量輕，耐熱，大多矽膠便當盒有防漏的功能，可以帶有點湯汁類的食物。

[燜燒罐]

保溫效果比保溫罐好，適合帶粥品與湯品或咖哩與牛腩等湯汁多的食物。

[保冷劑]

為了保持便當的新鮮和防止細菌孳生，請用有保溫效果的便當袋，並放入保冷劑保持低溫。

Chapter 1

一週冷便當

第 1 週

Week 1

週末採買清單

肉類

豬絞肉・300 公克
三節雞翅・6 隻
五花肉片（長條）・6 片
牛雪花肉片・180 公克
旗魚片・300 公克

蔬果類

地瓜・1 條（約 400 公克）
蘆筍・6 根
秋葵・8 根
黃豆芽・180 公克
蓮藕・100 公克
洋蔥・1/4 顆
紅蘿蔔・1 根
四季豆・150 公克
甜豆・80 公克
菠菜・100 公克
綠花椰菜・1 顆
青蔥・1 把
蒜頭・少許
柳橙・1 顆

其他

市售泡菜・60 公克
豆干・6 塊
玉米粒（小罐 200 公克）・1 罐
蛋・13 顆
大片海苔・4 片
起司片・3 片
豆腐乳・1 塊
柴魚片・少許
黑芝麻・少許

回家後整理

1 肉類若不是隔天使用，請先分裝整理好放入冷凍。

2 將三節雞翅分切，翅中和翅腿分開冷凍。小節翅洗淨後可熬高湯。

3 在傳統市場購買的豆干，若不是當天或隔天使用，請先用熱水汆燙過再放入冷藏備用。

採買小筆記

- 旗魚可用鯛魚代替，一般超市有真空冷凍包裝，方便購買。
- 五花肉片可用火鍋肉片代替。
- 玉米粒可在傳統市場購買新鮮玉米，請攤商幫忙削粒。
- 大海苔片在全聯及頂好超市都能買到。

星期一
menu

01

玉米漢堡飯糰便當

起司地瓜球／肉捲蘆筍／醋漬嫩薑 〔2 人份〕

前一晚準備

- 絞肉加玉米粒拌勻冷藏。
- 起司地瓜球做好冷藏。
- 蘆筍削皮、汆燙、冰鎮，再用肉片捲好。
- 預約煮飯。

① 玉米漢堡飯糰 ▶

材料

豬絞肉・300 公克

鹽麴・1 大匙 *

白胡椒粉・少許

A ┃ 玉米粒・100 公克
┃ 蒜末・1 大匙
┃ 蔥末・1 大匙

海苔・2 張

米酒・少許

* 若沒有鹽麴，可用 1 小匙鹽代替。

作法

[前一晚]

1. 取一料理盆，放入絞肉，加入鹽麴、白胡椒粉用手拌勻，將整團絞肉拿起再甩回盆內，如此重複 10 ～ 20 次，增加肉的黏性。

2. 再加入 [A]，用手拌勻，放入冰箱冷藏至隔天。

[當天]

3. 取出作法②，取適當分量在兩手間互丟，排除多餘空氣，最後捏成圓形再壓扁。

4. 起油鍋，油熱了之後將捏好的漢堡排放入，轉小火，煎約 4 ～ 5 分鐘後輕輕翻面，沿鍋邊嗆一點米酒，蓋上鍋蓋（讓漢堡排內部更易熟透），再煎 4 ～ 5 分鐘，煎好後取出放涼備用。

5. 白飯稍微拌涼，取 1 張保鮮膜，放上約 100 公克白飯壓平，中間放置玉米漢堡排，用白飯將漢堡排包覆成圓球狀（圖1），最外層再加 1 張大海苔包起（圖2），最後對半切就完成了。

Tips・漢堡排或肉餅料理「甩肉」或「摔肉」的動作能去筋、增加肉的黏度、方便成型，口感也會比較好。

② 起司地瓜球

材料

地瓜‧1 條

A ┤ 奶油‧30 公克
糖‧15 公克
鹽‧1 小匙

B ┤ 黑芝麻‧1/2 大匙
太白粉‧1/2 大匙
中筋麵粉‧1/2 大匙

起司‧3 片

作法

［前一晚］

1. 地瓜洗淨削皮後切塊,放入蒸鍋蒸熟。

2. 將 3 片起司片疊起,橫向與縱向各平均切兩刀,切出九等份正方起司塊備用(圖 3)。

3. 取出地瓜,趁熱加入［A］壓成泥狀,再加入［B］拌勻。

4. 取適量作法③在手中滾圓後壓扁,中間放入起司塊,由外圍包起(圖 4),再滾成圓形。完成後放入保鮮盒內,置於冰箱冷藏。

［當天］

5. 烤箱以 180 度預熱。將地瓜球由冰箱取出放在烤盤上,以 180 度烤 10 分鐘。烤完後取出放涼。

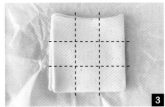

③ 肉捲蘆筍 ▶

材料

蘆筍‧6 根
五花肉片‧6 片

A ┤ 醬油‧1 大匙
米酒‧1 大匙
糖‧1/2 大匙

七味粉‧少許

作法

［前一晚］

1. 蘆筍洗淨後,以削皮刀削去薄薄一層外皮,再切除底部較硬的部分(約 2 公分)。

2. 起一鍋滾水,加少許鹽,放入蘆筍汆燙 30 秒,取出後馬上冰鎮再瀝乾。

3. 五花肉片平鋪,放上 1 根蘆筍與肉片成 45 度交叉,由下往上將肉片捲起(圖 5),捲好後放入保鮮盒內,冷藏備用。

［當天］

4. 起油鍋,鍋子熱了之後轉小火,取出捲好的作法③,肉片最後接合處朝下放入鍋中煎(先不急著翻動,大約煎 1～2 分鐘)。

④ 醋漬嫩薑

作法請參見 p71。

5. 慢慢翻面,讓每面都煎到表面金黃,將［A］倒入,讓肉捲均勻吸附醬汁至收汁,起鍋後撒上七味粉即完成。

腐乳雞翅便當

奶油蓮藕／秋葵玉子燒／玉米綠花椰菜　　　　　〔2人份〕

前一晚準備

- 翅中剪開，醃腐乳醬後冷藏。
- 小節翅熬熱高湯，蓮藕去皮切片後放入高湯熬煮。
- 秋葵搓鹽後洗淨。
- 綠花椰菜分切後洗淨。
- 預約煮飯。

① 腐乳雞翅 ▶

材料

翅中・6 隻

A
- 豆腐乳・1 塊
- 蒜片・5 片
- 糖・1 大匙
- 醬油・1/2 大匙
- 米酒・1 大匙

作法

〔前一晚〕

1. 雞皮表面朝下，用剪刀從兩個雞骨中間慢慢剪開攤平（圖1、2）。
2. 取一夾鏈袋，將 [A] 混合均勻，放入翅中，用手在袋外輕輕搓揉讓醃料均勻醃到翅中每個部位，緊閉夾鏈袋，放入冰箱冷藏。

〔當天〕

3. 取出作法②，放入已預熱好的烤箱，以 230 度烤 12 分鐘。烤好後取出放涼。

② 奶油蓮藕

材料

小節翅‧6 隻	奶油‧5 公克
蓮藕‧100 公克	**A** 鹽‧1 小匙
	糖‧1 小匙

作法

［前一晚］

1. 小節翅洗淨，放入 600ml 水中，小火滾煮 30 分鐘，做成雞高湯。
2. 蓮藕洗淨去皮，每片切成約 0.7 公分寬，每片再切成四等分。
3. 小湯鍋內放入作法①的高湯 300ml 和作法②的蓮藕，加入［**A**］，再煮 10 分鐘，關火後放涼冷藏。剩餘的 300ml 高湯置於冷藏備用。

［當天］

4. 取出蓮藕，放入便當盒裡即可。

Tips‧蓮藕若沒有馬上煮，削皮後先泡冷水可防止變黑。

③ 秋葵玉子燒 ▶

材料

秋葵‧8 根	鹽‧少許
蛋‧4 顆	**A** 糖‧1 小匙
	高湯‧20ml

作法

［前一晚］

1. 秋葵表面用鹽搓揉去除毛質，用水沖洗後將蒂頭較硬部分削除，冷藏。

［當天］

2. 蛋打散，加入［**A**］攪拌均勻。
3. 玉子燒鍋加熱，加一點油潤鍋，鍋子熱了之後轉小火，倒入少許蛋液，將四個秋葵整齊擺在蛋液上（圖3），蛋液慢慢變熟後，用刮勺將另一半蛋液翻起蓋住秋葵。
4. 接著用煎玉子燒的方法倒入蛋液、翻面，完成秋葵玉子燒。（作法請參見 p66）
5. 煎好後取出放涼，對切即完成。

剪開比較容易醃漬入味，吃的時候也比較容易剔下骨頭。

④ 玉米綠花椰菜

材料

綠花椰菜‧1 顆
玉米粒‧1/2 罐
蒜片‧少許
鹽‧少許
白胡椒粉‧少許

作法

［前一晚］

1. 綠花椰菜分切後洗淨，冷藏。

［當天］

2. 煮一鍋水，加入少許鹽，將作法①放入滾水汆燙 45 秒，起鍋後用冷開水沖一下，降溫後瀝乾。
3. 起油鍋，爆香蒜片，放入玉米粒拌炒，加入作法②，再加點鹽和白胡椒粉調味。起鍋後放涼。

韓式燒肉便當

涼拌黃豆芽／椒鹽豆干／涼拌菠菜／荷包蛋／泡菜　　〔2人份〕

前一晚準備

- 牛肉醃漬。
- 黃豆芽洗淨，水煮後撈起瀝乾。
- 豆干切條狀、辣椒去籽切小段。
- 菠菜洗淨切段，汆燙。
- 預約煮飯。

① 韓式燒肉

材料

牛雪花肉片・180 公克

A
| 醬油・1 大匙 |
| 芝麻油・1 大匙 |
| 糖・1 大匙 |
| 米酒・2 大匙 |
| 辣椒醬・適量 |

太白粉・1 小匙

洋蔥・1/4 顆

作法

〔前一晚〕

1. 將〔A〕放入保鮮盒混合拌勻，再放入牛肉片醃漬，置於冰箱冷藏。

〔當天〕

2. 從冰箱取出作法①，加太白粉抓醃一下。

3. 起油鍋，大火，油熱了之後放入洋蔥拌炒，再將作法②放入，快速拌勻讓牛肉熟透，盛起放涼。

② 涼拌黃豆芽

材料

黃豆芽・180 公克

A
｜ 鹽・1/2 大匙
｜ 蒜末・1 小匙
｜ 白胡椒粉・1 小匙
｜ 芝麻油・1 大匙

作法

［前一晚］

1. 黃豆芽洗淨，放入 500ml 的滾水中煮 10 分鐘，撈起後瀝乾放入保鮮盒內冷藏。（剩餘湯汁調味後可當豆芽湯喝）

［當天］

2. 取出作法①的黃豆芽，加入［A］拌勻即可。

③ 椒鹽豆干 ▶

材料

豆干・6 塊

蒜片・3 片

鹽・1 大匙

黑胡椒粉・1/2 大匙

辣椒・1 根

作法

［前一晚］

1. 豆干切成條狀，辣椒對切後去籽，切小段。

［當天］

2. 起油鍋，爆香蒜片，開大火，放入豆干煎至表面金黃。

3. 撒入鹽、黑胡椒粉拌勻，起鍋前再加入辣椒稍微拌炒即可。

④ 涼拌菠菜

材料

菠菜・100 公克

A
｜ 日式薄鹽醬油・1 大匙
｜ 蒜末・1 小匙
｜ 糖・1 小匙
｜ 芝麻油・1 大匙

白芝麻・少許

柴魚片・適量

作法

［前一晚］

1. 菠菜洗淨後切成兩段，放入加鹽的滾水中汆燙 30 秒，撈起泡入冰水，降溫後擠乾水分，切成約 3 ～ 4 公分小段，置於保鮮盒冷藏。

［當天］

2. 取出作法①，淋上 A 拌勻，最後撒上柴魚片和白芝麻即可。

⑤ 荷包蛋 ▶

材料

荷包蛋・2 顆

作法

1. 平底鍋加熱，開大火，加油潤鍋，油鍋開始冒煙後把蛋打入，轉小火，煎約 3 ～ 5 分鐘即可。

⑥ 泡菜

市售泡菜・60 公克

孜然翅腿便當

海苔玉子燒／蒜末紅蘿蔔／甜豆／醋漬櫻桃蘿蔔　　〔2人份〕

前一晚準備

• 製作孜然油。以孜然油醃漬翅腿一晚。

• 海苔剪成小片。

• 紅蘿蔔洗淨削皮，切絲。

• 甜豆去豆筋，洗淨。

• 預約煮飯。

① 孜然翅腿

材料

翅腿・6 隻

料理油・120ml

鹽・少許

白胡椒粉・少許

A
蒜片・6 片
孜然粉・1 大匙
月桂葉・1 片
八角・1 瓣
鹽・1/2 大匙
糖・1 小匙

作法

〔前一晚〕

1. 取小湯鍋，倒入油，以小火加熱。約 3 分鐘後輕輕放入 [A]。炸 2 分鐘後關火，放涼。

2. 用叉子在翅腿表面戳洞，或用刀尖在表面劃一下。

3. 在翅腿表面撒少許鹽和白胡椒粉，抓醃後靜置 5 分鐘。

4. 取一夾鏈袋，倒入放涼的作法①，再放入作法③，稍微搓揉一下，冷藏醃漬一晚。

〔當天〕

5. 取出作法④放在烤盤上（圖1），送進預熱好的烤箱，以 220 度烤 20 分鐘。烤好後取出放涼。

1

② 海苔玉子燒 ▶

材料

蛋‧3 顆

高湯‧20ml

鹽‧少許

海苔‧1 大片

作法

［前一晚］

1. 海苔預先剪成小片，寬度和玉子燒鍋一樣，長度比玉子燒鍋少 2 公分，每份玉子燒備 2 片，放入夾鏈袋中。

［當天］

2. 蛋打散，加入高湯和鹽，攪拌均勻。

3. 玉子燒鍋加熱，轉小火，表面抹一點油，輕輕將蛋液倒入。鋪上 1 張海苔，由下往上將蛋捲起。

4. 將蛋推到鍋子前端，鍋子內再抹一點油，再次倒入蛋液，鋪上另 1 片海苔，一樣慢慢由下往上將蛋捲起。

5. 將煎好的玉子燒切段即可。（作法請參見 p66）

③ 蒜末紅蘿蔔

材料

紅蘿蔔‧1/2 根

蒜末‧1 大匙

A | 香油‧1 大匙
　 | 鹽‧1 小匙
　 | 糖‧1 小匙

作法

［前一晚］

1. 紅蘿蔔洗淨後削皮、切絲，冷藏。

［當天］

2. 平底鍋加熱，加油，放入蒜末，加入紅蘿蔔絲拌炒至軟，再加入［A］炒勻即可。

④ 甜豆

材料

甜豆‧80 公克

作法

［前一晚］

1. 甜豆去豆筋，洗淨，冷藏。

［當天］

2. 起一鍋滾水，加入少許鹽，放入甜豆汆燙 30 秒。

3. 燙好後馬上用冰水冰鎮，降溫後瀝乾、斜切。

⑤ 醋漬櫻桃蘿蔔

作法請參見 p70。

橙汁魚片便當

蛋壽司／鹽麴四季豆／柚子白玉蘿蔔　　　　　　〔2人份〕

前一晚準備

- 魚肉放置冷藏退冰。
- 預約煮飯。
- 海苔剪成 1×10 公分長條。
- 四季豆洗淨去豆筋。

① 橙汁魚片 ▶

材料

旗魚片・300 公克（或用
超市販售的鯛魚代替）
鹽・少許
白胡椒粉・少許
太白粉・少許
柳橙皮・少許

A ｜ 柳橙汁・1/2 顆
　　糖・1 大匙
　　醬油・1/2 小匙

作法

［前一晚］

1. 將 ［A］混合均勻備用，旗魚由冷凍庫取出放入冷藏退冰。

［當天］

2. 旗魚洗淨擦乾後切成一口大小，撒上鹽和白胡椒粉抓醃，靜置10
　　分鐘。

3. 將作法②表面沾裹薄薄一層太白粉。

4. 起油鍋，油熱了之後將作法③放入鍋內，煎到兩面金黃。

5. 轉小火，再緩緩倒入 ［A］，慢慢收汁，煎好後放涼，最後撒上柳
　　橙皮即可。

② 蛋壽司

材料

蛋・4 顆

A | 高湯・25ml
  | 糖・1 小匙
  | 鹽・少許

海苔・1 張

作法

［前一晚］

1. 海苔剪成 1×10 公分長條，放入夾鏈袋保存。

［當天］

2. 蛋打散，將［A］加入蛋液攪拌均勻。

3. 玉子燒鍋加熱，慢慢倒入淺淺一層蛋液。

4. 蛋液開始熟了之後用鍋鏟將蛋對折（圖1），再淋上一層蛋液，同樣將蛋對折（圖2），如此反覆，直到蛋的厚度約 1 公分即可。（作法請參見 p66）

5. 蛋煎好後放涼，切成 1.5×4 公分長方形備用。

6. 將白飯捏成1.5×4.2 公分長條形，放上作法⑤，再用海苔捲起來即可（圖3）。

③ 鹽麴四季豆 ▶

材料

四季豆・150 公克

鹽麴・少許

香油・少許

作法

［前一晚］

1. 四季豆洗淨後去蒂去豆筋，切成 5 公分小段，冷藏。

［當天］

2. 煮一鍋滾水，加入少許鹽，放入四季豆汆燙 1 分鐘。

3. 瀝乾放涼後加入鹽麴和香油，拌勻即可。

④ 柚子白玉蘿蔔 作法請參見 p69。

第 2 週

Week 2

週末採買清單

肉 類

白蝦・300 公克
豬絞肉・300 公克
梅花豬肉片・12 片
里肌豬排・2 片
牛雪花肉片・180 公克
去骨雞腿排・2 片
（約 360 公克）
雞胸肉・180 公克
魩仔魚・少許

蔬 果 類

小黃瓜・3 條
筊白筍・3 根
抱子甘藍・150 公克
菠菜・300 公克
紅椒・1 個
黃椒・1 個
蘑菇・5 朵
黃檸檬・1 顆
紅蘿蔔・1 根
青花筍・300 公克
雪白菇・1 包
馬鈴薯・2 顆
蒜頭・少許
薑・1 小塊

其 他

義大利麵・1 包
火腿・2 片
起司絲・少許
蛋・9 顆
大片海苔・8 片
蟹肉棒・1 盒
紅薑・1 包
豆皮・3 片
海帶 10 公克
美乃滋・1 條
鮪魚罐頭・1 罐

回家後整理

1 肉類若不是隔天使用，請先整理好放入冷凍。

2 製作蝦油：
- 白蝦洗淨擦乾，剝除頭部和殼，取出蝦仁。
- 取一小鍋，倒入 300ml 葡萄籽油（或其他發煙點高的油品），用小火加熱 1 分鐘後將大蒜、蝦頭和蝦殼放入炸 5 分鐘。
- 放涼後裝入玻璃瓶內，冷藏保存 1 個月。

3 蝦仁處理：
蝦仁用牙籤去除沙腸後，用 1 大匙太白粉和 1 大匙米酒抓一下，靜置 5 分鐘，用清水沖洗後再裝袋冷凍。

採買小筆記

- 紅薑可於日系百貨超商購買，若不方便購買可自製，請參考 p71。
- 若是直接買蝦仁，沒有製作蝦油，可用橄欖油代替。

星期一
menu

06

菠菜鮮蝦義大利麵便當

蒜味雞米花／小黃瓜火腿薯泥／焗烤筊白筍　　　　〔2人份〕

前一晚準備

- 義大利麵煮熟。蝦仁置於冷藏退冰。
- 菠菜洗淨切段。
- 雞胸肉切小塊，抓醃。
- 預先製作小黃瓜火腿薯泥。

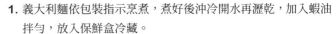

① 菠菜鮮蝦義大利麵

材料

義大利麵‧300 公克

蝦油‧50ml

菠菜‧100 公克

蒜片‧5 片

蝦仁‧12 個

蒜味香料粉‧1 大匙 *

白酒‧1 大匙

鹽‧少許

白胡椒粉‧少許

* 蒜味香料粉可在超市或大賣場購
得，或用蒜末＋鹽＋黑胡椒粉取代。

作法

［前一晚］

1. 義大利麵依包裝指示烹煮，煮好後沖冷開水再瀝乾，加入蝦油
   拌勻，放入保鮮盒冷藏。
2. 蝦仁放置冷藏退冰。菠菜洗淨切段。

［當天］

3. 取出作法②，將表面擦乾，撒上一點鹽和白胡椒粉。
4. 平底鍋加熱，倒入蝦油，油熱了之後爆香蒜片，放入作法③煎
   熟，沿鍋邊加入白酒，放入作法①的義大利麵拌炒，加香料
   粉，再加菠菜炒勻即可。

② 蒜味雞米花

材料

雞胸肉‧180 公克

鹽‧少許

白胡椒粉‧少許

麵粉‧1 大匙

蒜末‧2 大匙

A 糖‧1 大匙
　醬油‧1/2 大匙
　米酒‧1 大匙

作法

［前一晚］

1. 雞胸肉切成一口大小，撒上鹽和白胡椒粉抓醃後冷藏。

［當天］

2. 取出作法①，將表面均勻沾裹薄薄一層麵粉。
3. 起油鍋，油量要比炒菜多一點，放入作法②的雞胸肉，煎到表
   面金黃，盛起。
4. 同一鍋，爆香蒜末，倒入［A］，醬汁開始起泡時放入作法③
   的雞肉拌勻，讓醬汁煮到濃稠且均勻沾附在雞肉上即可。

③ 小黃瓜火腿薯泥 ▶

材料

小黃瓜・1 條
鹽・適量
糖・1 大匙
蘋果醋・1 大匙 *
馬鈴薯・2 顆
火腿・2 片（切小丁）

A
奶油・40 公克
鹽・1 小匙
白胡椒粉・1 小匙
芥末醬・1 小匙

* 沒有蘋果醋可用其他白醋代替。

作法

［前一晚］

1. 小黃瓜洗淨後切薄片，表面撒鹽，靜置 10 分鐘。再用過濾水沖洗，將水分擠乾，加入糖和蘋果醋，拌勻後冷藏。

2. 馬鈴薯削皮後切塊，蒸熟。

3. 趁熱取出馬鈴薯，加入［A］，將馬鈴薯壓成泥狀拌勻，放入保鮮盒內冷藏。

［當天］

4. 取出作法③，加入作法①的小黃瓜和火腿丁拌勻，揉成圓形即可（圖1）。

④ 焗烤筊白筍

材料

筊白筍・3 根
美乃滋・適量
起司絲・適量

作法

1. 筊白筍洗淨，削去薄薄一層外皮，斜切成數片。

2. 烤盤抹油，將切好的筊白筍平放，擠上適量美乃滋再撒上起司絲（圖2）。

3. 送入已預熱烤箱，以 230 度烤 8 分鐘即完成。

豬排壽司捲便當

冷拌菠菜／味噌鮪魚拌甜椒／蘑菇蛋　　　　〔2人份〕

前一晚準備

- 醃漬豬排。
- 海苔剪成 7×10 公分大小 6 張。
- 菠菜洗淨切段。
- 紅、黃椒切絲。
- 預約煮飯。

① 豬排壽司捲

材料

里肌豬排・2 片

A
醬油・1/2 大匙
米酒・1 大匙
蒜末・1 小匙
薑末・1 小匙

太白粉・適量

海苔・3 片

作法

〔前一晚〕

1. 豬排斷筋、拍打，切成粗條狀。調理盆內加入〔A〕拌勻，放入豬排，蓋上蓋子，冷藏。

2. 海苔剪成 7×10 公分大小 6 張，放入夾鏈袋內備用。

〔當天〕

3. 取出作法①，將豬肉條表面均勻裹上一層太白粉。

4. 起油鍋，油要比平常炒菜再多一點，放入作法②煎熟，煎好後取出備用。

5. 剪好的海苔鋪在竹簾上，再鋪上白飯，放上 1 條煎好的豬肉條，由下往上捲起（圖1），稍微放涼後即可切段。

② 冷拌菠菜

材料

菠菜‧200 公克

醬油‧1/2 大匙

糖‧1 小匙

魩仔魚‧少許

作法

［前一晚］

1. 菠菜洗淨，切成兩段，冷藏。

［當天］

2. 將作法①放入加鹽的滾水中氽燙 20 秒，撈起沖冷開水，再將水分擠乾。

3. 魩仔魚在鍋中稍微炒乾。

4. 將作法②切小段，淋上醬油、糖，再撒上魩仔魚即可。

③ 味噌鮪魚拌甜椒

材料

紅椒‧1/2 顆

黃椒‧1/2 顆

鮪魚罐頭‧1/2 罐

A ｜ 味噌‧1 大匙

A ｜ 味醂‧1 大匙

A ｜ 糖‧1/2 大匙

作法

［前一晚］

1. 紅、黃椒切絲，冷藏。

［當天］

2. 將作法①用水氽燙 10 秒撈起。

3. 鮪魚罐內的湯汁倒出，只取鮪魚肉，放入料理盆內，加入［A］拌勻，再加入作法①即完成。

④ 蘑菇蛋 ▶

材料

蛋‧2 顆

A ｜ 高湯‧10ml

A ｜ 鹽‧少許

A ｜ 糖‧少許

蘑菇‧5 朵

作法

1. 蘑菇切片，1 朵大約切 3 片。蛋打散，加入［A］拌打均勻。

2. 玉子燒鍋加熱，加一點油潤鍋，蘑菇在鍋中擺放整齊，輕輕倒入一層蛋液（圖2），底部煎熟後翻面，兩面都煎熟後取出。剩餘的食材依此步驟重複。

3. 放涼後切片即完成。

味噌肉餅便當

地瓜飯／青花筍／水煮蛋／醋漬蓮藕　　　　　〔2 人份〕

前一晚準備

- 絞肉加入調味料拌勻。
- 海苔剪成 3 公分正方共 12 片。
- 青花筍分切洗淨。
- 地瓜切好，放入洗好的白米，預約煮飯。

① 味噌肉餅 ▶

材料

海苔‧1 片

絞肉‧300 公克

味噌‧1/2 大匙

味醂‧1/2 大匙

米酒‧適量

作法

［前一晚］

1. 將 1 片大海苔剪成 6 張 3 公分正方的海苔片，放入夾鏈袋內。

2. 絞肉放入調理盆，加入味噌和味醂，用手攪拌均勻。取適量絞肉在兩手間互丟，讓肉增加黏性並排除多餘空氣，冷藏備用。

［當天］

3. 取出作法②滾成圓形，前後各黏上 1 片方形海苔（圖1）。

4. 起油鍋，油熱了之後將肉餅放入，轉小火，煎 5 分鐘。

5. 輕輕翻面，鍋邊嗆一點米酒，蓋上鍋蓋約 3 ～ 4 分鐘。開蓋後再輕輕翻面煎一下，收汁後即完成。取出放涼。

② 青花筍

材料

青花筍‧150 公克

作法

［前一晚］

1. 青花筍洗淨切好。

［當天］

2. 煮一鍋滾水，加入少許鹽，放入青花筍汆燙 30 秒。

3. 撈起後馬上用冰水冰鎮，降溫後瀝乾。

③ 水煮蛋 ▶

材料

蛋‧2 顆

作法

1. 蛋放入小湯鍋內，加水淹過蛋。先開中火，水滾之後轉中小火（水仍是滾的），煮 5 分鐘後關火。

2. 把蛋放到冰水中，稍微敲破一點點蛋殼，泡 3 分鐘。

3. 撥除蛋殼，放入便當盒前再對半切開。

④ 醋漬蓮藕

作法請參見 p71。

抱子甘藍檸檬雞便當

牛肉壽司捲／炒紅蘿蔔絲

〔2人份〕

前一晚準備

• 去骨雞腿排放置冷藏退冰。
• 抱子甘藍洗淨，拌炒。

• 醃漬牛肉片
• 製作玉子燒，切條狀。

• 紅蘿蔔削皮，切細條。
• 預約煮飯。

① 抱子甘藍檸檬雞 ▶

材料

抱子甘藍・150 公克
高湯・50ml
去骨雞腿排・2 片（約360公克）
黃檸檬・1 顆

A ┌ 醬油・1 大匙
　├ 糖・1 大匙
　└ 米酒・1/2 大匙

鹽・少許
白胡椒粉・少許
太白粉・適量

作法

［前一晚］

1. 抱子甘藍洗淨擦乾，每顆對切。
2. 起油鍋，放入抱子甘藍，煎到表面有點焦，撒入鹽和白胡椒粉拌炒，加入高湯，蓋上鍋蓋悶 3 分鐘，開蓋後再稍微拌炒即可，放入保鮮盒內冷藏。

［當天］

3. 雞腿排切成適口大小，撒鹽和白胡椒粉抓醃，靜置 10 分鐘。
4. 黃檸檬切半，一半擠汁，和 [A] 混合均勻；一半切薄片再切1/4等分，裝填便當時裝飾用。

5. 作法③撒上太白粉,讓雞肉完整裹覆。起油鍋,雞皮朝下放入,不要急著翻面,待煎到金黃後再翻面,讓雞肉整塊都煎到金黃(圖1)。

6. 倒入作法④的醬汁,再加入作法②的抱子甘藍,慢慢拌炒至湯汁濃稠收汁即可。

②牛肉壽司捲 ▶

材料

牛雪花肉片・180 公克

A |
醬油・1 大匙
芝麻油・1 大匙
糖・1 大匙
米酒・2 大匙
辣椒醬・適量

太白粉・1 小匙

蛋・4 顆

B |
高湯・25ml
糖・少許
鹽・少許

海苔・1 片

小黃瓜・2 條

紅薑絲・50 公克

作法

[前一晚]

1. 將 [A] 放入保鮮盒混合拌勻,再放入牛肉片醃漬,置於冰箱冷藏。

2. 蛋打散,加入 [B] 拌勻,取玉子燒鍋做玉子燒(作法請參見 p66),放涼後切成條狀,置於保鮮盒內冷藏。

[當天]

3. 從冰箱取出作法①,加太白粉抓醃一下。

4. 起油鍋,大火,油熱了之後將作法③放入,快速拌炒讓牛肉熟透,盛起放涼。

5. 小黃瓜縱切成四等分的長條狀,紅薑絲瀝乾。

6. 攤開竹簾,放上 1 片海苔,鋪上一層白飯,放入作法②的玉子燒,及作法④、⑤的牛肉和小黃瓜,再加上紅薑絲,由下往上捲起(圖2),捲好後靜置 3 分鐘(圖3)再切開即可。

③炒紅蘿蔔絲

材料

紅蘿蔔・2/3 根

鹽・1 小匙

糖・1 小匙

蒜片・少許

芝麻油・1 大匙

作法

[前一晚]

1. 紅蘿蔔洗淨後削皮,切細條,冷藏。

[當天]

2. 平底鍋加熱,倒入芝麻油,爆香蒜片,放入作法①的紅蘿蔔拌炒,再加入鹽和糖炒勻即可。

海苔豬排便當

豆皮海帶煮／蟹肉雪白菇／青花筍　　　　　　　〔2人份〕

前一晚準備

• 海苔剪小片，與肉片疊放。
• 製作豆皮海帶煮。
• 青花筍分切洗淨。
• 預約煮飯。

① 海苔豬排 ▶

材料

梅花豬肉片・12 片

鹽・適量

白胡椒粉・適量

海苔・3 大片

麵粉・2 大匙

蛋液・1 顆

麵包粉・2 大匙

作法

〔前一晚〕

1. 海苔剪成 6×4 公分大小，共 10 片，放入夾鏈袋中。

2. 將肉片攤平，撒上少許鹽和白胡椒粉，鋪上 1 片海苔，再鋪上 1 片肉片，再撒上少許鹽和白胡椒粉，重複 5 次（圖1），完成後放入保鮮盒內冷藏。

〔當天〕

3. 取出作法②，將豬排依序均勻沾裹麵粉、蛋液、麵包粉。

4. 平底鍋加熱，倒入 1～2 公分高的油，油溫至 170 度時將豬排放入，兩面各炸 5 分鐘。完成後瀝油，放涼，切成條狀。

② 豆皮海帶煮 ▶

材料

豆皮·3 片

紅蘿蔔·1/3 根

海帶·10 公克

A
高湯·350ml
糖·2 大匙
醬油·30ml
味醂·50ml

作法

［前一晚］

1. 海帶泡水 20 分鐘，撈起備用。

2. 豆皮切細條狀，放入滾水中煮 1 分鐘去除表面油脂。

3. 紅蘿蔔洗淨削皮後切絲。

4. 取一小鍋，放入作法①、②、③，加入 ［A］，煮 10 分鐘（圖 2），放涼後置於保鮮盒冷藏入味。

［當天］

5. 取出作法④放入便當盒內。

③ 蟹肉雪白菇

材料

雪白菇·1 包

蟹肉棒·1 盒

高湯·30ml

鹽·1 小匙

作法

1. 雪白菇及蟹肉棒打開包裝用手撥成細絲。

2. 起油鍋，放入雪白菇和蟹肉棒拌炒，倒入高湯、加鹽調味炒勻即可。

④ 青花筍

材料

青花筍·150 公克

作法

［前一晚］

1. 青花筍洗淨切好，冷藏。

［當天］

2. 煮一鍋滾水，加入少許鹽，放入青花筍汆燙 30 秒。

3. 撈起後馬上用冰水冰鎮，降溫後瀝乾。

第 3 週

Week 3

肉 類

去骨雞腿排・2片（約360公克）
雞胸肉・2片（約300公克）
鮭魚・1片（約200公克）
牛雪花肉片・180公克
豬絞肉・300公克
魩仔魚・30公克
蝦仁・150公克

蔬 果 類

紅椒・1個
黃椒・1個
青蔥・1把
綠花椰菜・1顆
雪裡紅・600公克
辣椒・1條
甜豆・80公克
馬鈴薯・2顆
毛豆・100公克
蘆筍・120公克
牛番茄・1顆
蓮藕・200公克
南瓜・100公克
鴻喜菇・1包
小番茄・1顆
薑・1小塊

其 他

皮蛋・2顆
美乃滋・1條
剝皮辣椒・1罐
豆干・6塊
板豆腐・1盒
蛋・13顆
鮪魚罐頭・1罐
起司粉・少許

回家後整理

1 肉類若不是隔天使用，請先整理好放入冷凍。

2 蝦仁放入碗內，加1大匙太白粉和1大匙米酒抓醃數次，用清水洗淨後裝入塑膠袋內冷凍備用。

採買小筆記

- 剝皮辣椒罐頭可於一般超市買到，也可用墨西哥辣椒代替，怕辣的話可用青椒取代。
- 鮪魚罐頭可用茄汁沙丁魚罐頭取代。

星期一
menu

11

剝皮辣椒雞便當

皮蛋玉子燒／蔥胖飯糰／綠花椰菜　　　〔2 人份〕

前一晚準備

- 去骨雞腿排切小塊，抓醃。
- 剝皮辣椒及紅黃椒切條狀。
- 皮蛋剝殼切塊。
- 綠花椰菜分切洗淨。
- 青蔥洗淨切細末，做蔥胖醬。
- 預約煮飯。

① 剝皮辣椒雞

材料

去骨雞腿排・2 片
（約360公克）
剝皮辣椒・5 根
紅椒・1/2 個
黃椒・1/2 個
太白粉・1 大匙
米酒・少許
醬油・1 大匙
糖・1 大匙
鹽・少許
白胡椒粉・少許

作法

〔前一晚〕

1. 雞腿排切塊，撒上鹽和白胡椒粉抓醃後冷藏。

2. 剝皮辣椒及紅、黃椒切條狀。

〔當天〕

3. 將作法①撒上太白粉，讓雞肉均勻沾裹（圖1）。

4. 起油鍋，作法③的雞皮面朝下放入，不要急著翻面，煎到表面金黃後再翻面，沿鍋邊嗆一點米酒，翻炒到熟。

5. 加入作法②，再加入醬油和糖，拌炒均勻至糖融化即可。

1

② 皮蛋玉子燒

材料

皮蛋・2 顆

蛋・4 顆

A 高湯・20ml
糖・1 小匙
鹽・少許

作法

［前一晚］

1. 皮蛋剝殼後切塊，每塊約 2.5 公分大小。

［當天］

2. 蛋打散，加入［A］和作法①的皮蛋拌勻。

3. 玉子燒鍋加熱，加一點油，倒入蛋液，用矽膠勺將蛋由下往上捲起，再淋上蛋液補滿空處，翻面，如此重複直到玉子燒包覆到適當厚度。（作法請參見 p66）

4. 依同樣方法完成另一個玉子燒，放涼後由中間切開即可。

③ 蔥胖飯糰 ▶

材料

青蔥末・2 大匙

美乃滋・2 大匙

麵包粉・2 大匙

鹽・1 小匙

白飯・3 碗

作法

［前一晚］

1. 青蔥切細末，和美乃滋、麵包粉、鹽拌勻，放入保鮮盒內冷藏。

［當天］

2. 取一大碗白飯，取適量捏成飯糰，將作法①的蔥胖醬均勻抹在飯糰上（圖2）。

3. 烤盤抹一點油，放上飯糰，送入已預熱烤箱，以230度烤10分鐘或烤至金黃即可。

2

④ 綠花椰菜

材料

綠花椰菜・150 公克

作法

［前一晚］

1. 綠花椰菜分切洗淨，冷藏。

［當天］

2. 煮一鍋滾水，加入少許鹽，放入綠花椰菜汆燙 45 秒。

3. 撈起用冰水冰鎮，降溫後瀝乾。

美乃滋醃肉便當

雪裡紅炒豆干／魩仔魚玉子燒／甜豆　　　　　　〔2人份〕

前一晚準備

- 雞胸肉切小塊，醃漬。
- 雪裡紅、豆干洗淨切小塊，辣椒去籽輪切。
- 甜豆去豆筋，洗淨。
- 預約煮飯。

① 美乃滋醃肉

材料

雞胸肉・2 片
　（約 300 公克）
鹽・少許
白胡椒粉・少許
　　中筋麵粉・2 大匙
A　美乃滋・2 大匙
　　水・2 大匙
麵包粉・2 大匙

作法

［前一晚］

1. 將雞胸肉切成適口大小，撒上少許鹽和白胡椒粉抓醃。

2. 取一有蓋的料理盆，將［A］放入，混合均勻拌成糊狀。

3. 將作法①的雞胸肉放入作法②中，讓雞胸肉均勻沾覆醬料，蓋上蓋子，放入冰箱冷藏。

［當天］

4. 取出作法③，讓每塊雞胸肉都沾上麵包粉。

5. 平底鍋加熱，倒入油高約 1 公分，加熱至 170 度，轉中小火，放入作法④，輕輕翻面（圖1），每面大約煎 3 分鐘即可盛起放涼。

② 雪裡紅炒豆干 ▶

材料

雪裡紅‧300 公克
豆干‧6 塊
辣椒‧1 條
薑末‧1 小匙
糖‧1 大匙
白醬油膏‧1 大匙

作法

［前一晚］

1. 雪裡紅洗淨後泡水 5 ～ 10 分鐘，將雪裡紅的水分擠乾，切小段，辣椒去籽輪切，豆干洗淨後切小方塊（圖2）。
2. 起油鍋，放入豆乾煎到表面有點金黃，放涼後置於保鮮盒，冷藏，雪裡紅與辣椒也冷藏備用。

［當天］

3. 起油鍋，爆香薑末，放入雪裡紅，加入糖和白醬油膏翻炒，再加入豆干及辣椒拌炒均勻即可盛起。

③ 魩仔魚玉子燒 ▶

材料

蛋‧4 顆
魩仔魚‧30 公克
蔥花‧10 公克
鹽‧少許
糖‧1 小匙
高湯‧30ml

作法

1. 蛋打散，加入所有食材攪拌均勻。
2. 玉子燒鍋加熱，鍋內抹一點油，轉小火，淋上一層作法①的蛋液，待蛋液有點凝固之後，由下往上慢慢將蛋捲起。
3. 再抹一點油，淋上蛋液，重複 3 ～ 4 次，讓蛋變厚（圖3），取出放涼後切開即可。（作法請參見 p66）

④ 甜豆

材料

甜豆‧80 公克

作法

［前一晚］

1. 甜豆去豆筋，洗淨，冷藏。

［當天］

2. 起一鍋滾水，加入少許鹽，放入甜豆汆燙 30 秒。
3. 燙好後馬上用冰水冰鎮，降溫後瀝乾、斜切。

奶油鴻喜菇鮭魚便當

烤馬鈴薯／淺漬蔬菜

〔2人份〕

前一晚準備

- 鮭魚退冰,抹鹽。鴻喜菇去除根部。
- 馬鈴薯削皮,切成月形。
- 預約煮飯。

① 奶油鴻喜菇鮭魚 ▶

材料

鮭魚．1 片
鴻喜菇．1 包
鹽．1/2 大匙
白胡椒粉．1 小匙
奶油．20 公克
伍斯特醬．1/2 大匙 *

* 即台灣早期牛排館使用的梅林
醬，頂好超市或百貨公司樓下超
市均可購得。

作法

［前一晚］

1. 鮭魚去除大刺、切塊，表面抹鹽和白胡椒粉（圖1），放入保
   鮮盒內冷藏。
2. 鴻喜菇切除底部根的部分，再個別撥開備用。

［當天］

3. 取出作法①，用廚房紙巾將鮭魚表面水分吸乾。
4. 平底鍋加熱，放入奶油，先輕輕將鮭魚皮面放入鍋內（圖2），
   約 2 分鐘後翻面，每面各煎 2 分鐘，煎熟後取出。
5. 鍋內煎出的鮭魚油不要丟除，將鴻喜菇放入鋪平，先不翻面，
   待煎到金黃，淋上伍斯特醬，拌炒均勻即可。

② 烤馬鈴薯

材料

馬鈴薯．2 顆
鹽．1 小匙
蒜粉．1/2 大匙
起司粉．1/2 大匙
橄欖油．少許

作法

［前一晚］

1. 馬鈴薯削皮後切成月形，泡水 2 分鐘後瀝乾，冷藏。

［當天］

2. 將作法①置於調理盆，撒上鹽、蒜粉、起司粉，淋上橄欖油拌
   勻，再放置烤盤上（圖3）。
3. 送入已預熱的烤箱，以 230 度烤 20 分鐘，取出放涼。

③ 淺漬蔬菜

作法請參見 p69。

番茄炒牛肉便當

毛豆蝦仁飯糰／奶油南瓜／蘆筍 〔2 人份〕

前一晚準備

- 牛肉片和蝦仁置於冷藏退冰。
- 番茄切月形。
- 南瓜切薄片。
- 毛豆燙好後冰鎮瀝乾。
- 蘆筍洗淨切段。
- 預約煮飯。

① 番茄炒牛肉

材料

牛雪花肉片・180 公克
牛番茄・1 顆
糖・1 大匙
味醂・1 大匙
醬油・1 大匙

作法

〔前一晚〕

1. 牛番茄洗淨後切成月形，放入保鮮盒內冷藏。

〔當天〕

2. 平底鍋加熱，鍋子熱了之後，將牛肉片平鋪在鍋內，依序在肉片上撒糖、味醂和醬油。

3. 牛肉拌炒至半熟，加入切好的番茄，再炒至肉熟即完成。

② 毛豆蝦仁飯糰 ▶

材料

毛豆・100 公克
蝦仁・150 公克
鹽・少許
白胡椒粉・少許
白飯・3 碗

作法

［前一晚］

1. 毛豆洗淨後放入加鹽的滾水中汆燙 60 秒，撈起後冰鎮瀝乾，放入保鮮盒內冷藏。

［當天］

2. 平底鍋加熱，潤一點油，油熱了之後放入蝦仁，撒點鹽和白胡椒粉一起拌炒，炒熟後取出。

3. 取一大碗白飯，加入作法①的毛豆和作法②的蝦仁，拌勻，取適量捏成飯糰即可（圖1、2）。（作法請參見 p64）

③ 奶油南瓜

材料

南瓜・100 公克
奶油・15 公克
鹽・少許
起司粉・少許

作法

［前一晚］

1. 南瓜洗淨後切薄片，冷藏。

［當天］

2. 平底鍋加熱，放入奶油融化，轉小火，放入南瓜片，煎到兩面金黃，起鍋前撒鹽和起司粉即可。

④ 蘆筍

材料

蘆筍・120 公克

作法

［前一晚］

1. 蘆筍洗淨，切 5 公分小段，冷藏。

［當天］

2. 起一鍋滾水，加入少許鹽，放入蘆筍汆燙 30 秒。

3. 燙好後馬上用冰水冰鎮，降溫後瀝乾。

雪裡紅豆腐漢堡排便當

蓮藕拌鮪魚／蛋鬆／綠花椰菜　　　　　　　　　　〔2 人份〕

前一晚準備

• 雪裡紅泡水洗淨切小段，豆腐用重物壓除多餘水分，與絞肉混合。　　• 綠花椰菜分切洗淨。

• 蓮藕洗淨削皮，汆燙。　　　　　　　　　　　　　　　　　　　• 預約煮飯。

① 雪裡紅豆腐漢堡排 ▶

材料

雪裡紅・300 公克

板豆腐・150 公克

豬絞肉・300 公克

A

　薑末・1 小匙
　鹽・1 小匙
　糖・1 小匙
　白胡椒粉・少許
　蛋黃・1 顆

麵包粉・4 大匙

Tips・甩肉可破壞肉的筋度，並增加黏度，讓漢堡排不易散開，也可增加口感。

作法

［前一晚］

1. 雪裡紅洗淨後泡水 5 ～ 10 分鐘，將雪裡紅的水分擠乾，切成小段。

2. 板豆腐用重物壓 1 小時，擠出多餘水分（圖 1）。

3. 取一料理盆，放入絞肉，加入 ［A］，拌勻後將整團絞肉拿起用力甩入料理盆內，重複約 20 次，再加入作法①和作法②，拌勻後放入保鮮盒，冷藏。

［當天］

4. 取適量作法③在兩手間互丟，排除多餘空氣，再捏成圓形，表面均勻沾裹麵包粉。

5. 平底鍋加入約 1 公分高的油，油溫約 170 度時輕輕放入漢堡排煎 4 ～ 5 分鐘，翻面後再煎 5 分鐘即可（圖 2）。煎好後取出瀝油，放涼。

② 蓮藕拌鮪魚

材料

蓮藕・200 公克

鮪魚罐頭・1 罐

小番茄・1 顆

鹽・1 小匙

糖・1 小匙

香油・1 大匙

Tips・❶鮪魚罐頭若已有鹹味
就不要再加鹽。❷將鮪魚罐頭
換成茄汁沙丁魚罐頭也很好吃。

作法

［前一晚］

1. 蓮藕洗淨削皮後切薄片，再對切成 4 小塊，放入滾水中煮 3 分鐘，撈起後瀝乾，置於保鮮盒中冷藏。

［當天］

2. 打開鮪魚罐頭，瀝出大部分湯汁，魚肉倒入料理盆內，加入作法①，加鹽、糖及香油拌勻，最後放上切片小番茄即可。

③ 蛋鬆

材料

蛋・4 顆

高湯・30ml

糖・1 小匙

醬油・1 小匙

作法

1. 蛋打散，加入高湯、醬油和糖拌勻。
2. 起油鍋，油熱了之後將蛋液倒入，用筷子以畫圈的方式重複撥蛋（圖3），炒至蛋熟即可。

④ 綠花椰菜

材料

綠花椰菜・150 公克

作法

［前一晚］

1. 綠花椰菜分切洗淨，冷藏。

［當天］

2. 煮一鍋滾水，加入少許鹽，放入綠花椰菜汆燙 45 秒。
3. 撈起用冰水冰鎮，降溫後瀝乾。

第 **4** 週

Week 4

肉 類

豬絞肉・300 公克
牛絞肉・400 公克
松坂肉・300 公克
雞翅中・6 隻
雞柳・300 公克
柳葉魚・6 條
魩仔魚・50 公克
鮭魚・200 公克

蔬 果 類

蘆筍・120 公克
四季豆・200 公克
牛蒡・1 根
紅蘿蔔・1 根
洋蔥・1 顆
青蔥・1 把
長豆・250 公克
九層塔・30 公克
牛番茄・1 顆
杏鮑菇・3 朵
黃椒・60 公克
紅椒・60 公克
香菜 10 公克
辣椒・2 根
地瓜・1 條
鴻喜菇・1 包
蒜頭・少許
薑・1 小塊
綠花椰菜・1 小朵

其 他

昆布・10 公克
市售泡菜・100 公克
冬粉・30 公克
鹹蛋・2 顆
海帶根・200 公克
蛋・10 顆
冰棒棍・4 支
豆干・6 塊
牛奶・20ml
鮪魚罐頭・1 罐
啤酒・1 罐

回家後整理

1 肉類若不是隔天使用,請先整理好放入冷凍。

2 豆干若購於傳統市場,買回家後先用熱水稍微汆燙一下再放冰箱冷藏備用。

3 昆布可先熬高湯,再將昆布剪成細絲備用。

採買小筆記

- 乾燥昆布可在雜貨行、市場或超市買到。

- 紅薑可在日系百貨超市購買,若買不到可以自製,作法請參見 p71。

- 海帶根在傳統市場的豆製品、酸菜攤位可找到,如果買不到可用一般海帶代替。

星期一
menu
16

醬燒柳葉魚便當

地瓜肉餅／蘆筍／紅薑／昆布炊飯 〔2人份〕

前一晚準備

• 柳葉魚洗淨冷藏。
• 製作地瓜肉餅餡。
• 蘆筍洗淨切段。
• 昆布剪成細絲，放入洗好的白米內預約煮飯。

① 醬燒柳葉魚 ▶

材料

柳葉魚·6 條
麵粉·2 大匙
蛋液·1 顆
地瓜粉·2 大匙

A
| 醬油·2 大匙
| 味醂·1 大匙
| 米酒·2 大匙
| 糖·1 大匙

作法

［前一晚］
1. 柳葉魚稍微用水沖過，瀝乾，冷藏。

［當天］
2. 起油鍋，將作法①依序沾裹麵粉、蛋液、地瓜粉後放入鍋內，每面大約煎 3 分鐘即可盛起。
3. 將［A］倒入平底鍋，開火加熱，醬汁開始起泡後放入作法②，開小火慢慢收汁（圖1），煮至醬汁濃稠並吸附在魚身。盛起放涼。

② 地瓜肉餅 ▶

材料

豬絞肉‧300 公克
地瓜絲‧100 公克
蛋黃‧1 顆
青蔥‧2 根
鹽‧1 小匙
白胡椒粉‧1 小匙
香油‧1 大匙
米酒‧少許

作法

［前一晚］

1. 地瓜洗淨削皮，切成細絲。青蔥切細末。
2. 取一料理盆，放入絞肉、鹽、白胡椒粉、香油和蛋黃，用手拌匀後抓起整團絞肉在鍋內甩數次，讓肉產生黏性。
3. 加入作法①的地瓜絲和青蔥末，拌匀後冷藏。

［當天］

4. 取出作法③，取適量在兩手中互甩，排除肉內多餘空氣，捏成圓形（圖2）。
5. 起油鍋，油熱了之後將捏好的肉餅放入煎，轉中小火，約 5 分鐘後翻面，鍋邊嗆一點米酒，蓋上鍋蓋，再煎 5 分鐘即完成。

③ 蘆筍

材料

蘆筍‧120 公克

作法

［前一晚］

1. 蘆筍洗淨，切 5 公分小段，冷藏。

［當天］

2. 起一鍋滾水，加入少許鹽，放入蘆筍汆燙 30 秒。
3. 燙好後馬上用冰水冰鎮，降溫後瀝乾。

④ 紅薑

作法請參見 p71。

牛肉蛋炒飯便當

鹽麴松坂肉／泡菜春雨／四季豆 〔2人份〕

前一晚準備

- 洋蔥切丁與牛絞肉炒熟。
- 以鹽麴醃漬松肉。
- 冬粉汆燙、預拌。
- 四季豆洗淨切段。
- 預約煮飯。

① 牛肉蛋炒飯

材料

牛絞肉・200 公克

洋蔥・1/2 顆

A｜鹽・2 小匙
　｜黑胡椒粉・2 小匙
　｜伍斯特醬・2 小匙

蛋・3 顆

白飯・2 碗

作法

〔前一晚〕

1. 洋蔥切小丁。

2. 平底鍋加熱，加入油，放入洋蔥炒至有一點軟，再加入牛絞肉一起
拌炒，加入〔A〕，炒熟後放入保鮮盒內冷藏。

〔當天〕

3. 蛋打散。炒鍋加熱，加油潤鍋，開大火，油熱了之後倒入蛋液，以
鍋鏟用推的方式炒蛋。炒至半熟後將白飯放入一起拌炒，最後加入
作法②炒勻即可。

② 鹽麴松坂肉 ▶

材料

松坂肉‧300 公克 *

鹽麴‧2 大匙

米酒‧1 大匙

橄欖油‧少許

* 即豬頸肉,傳統市場或超市都可買到。

作法

［前一晚］

1. 松坂肉洗淨擦乾,表面用刀輕輕劃斜紋或格紋(圖1)。
2. 保鮮盒內放入鹽麴和米酒拌勻,放入作法①,讓鹽麴醬汁都能均勻沾附到肉上(圖2),蓋上蓋子置於冰箱冷藏。

［當天］

3. 取出作法②,撥除表面的鹽麴,放在烤盤上,淋上橄欖油(或耐高溫油)抹勻,送進已預熱的烤箱,以 220 度烤 12 分鐘。
4. 烤好後取出放涼,切片。

③ 泡菜春雨 ▶

材料

市售泡菜‧100 公克

冬粉‧30 公克

青蔥‧1 根

芝麻油‧1 大匙

醬油‧1 小匙

糖‧1 小匙

作法

［前一晚］

1. 冬粉放入滾水中煮 3 分鐘,撈起後沖冷開水,瀝乾後放入保鮮盒,加糖、淋上醬油和芝麻油拌勻,置於冰箱冷藏。

［當天］

2. 泡菜切成適口大小,放入作法①拌勻,最後撒上蔥花即可。

④ 四季豆

材料

四季豆‧100 公克

作法

［前一晚］

1. 四季豆洗淨,切除頭尾後切 4 公分小段,冷藏。

［當天］

2. 起一鍋滾水,加入少許鹽,放入四季豆汆燙 30 秒。
3. 燙好後馬上用冰水冰鎮,降溫後瀝乾。

啤酒雞翅便當

金沙長豆／塔香豆干／炒小魚牛蒡 〔**2人份**〕

前一晚準備

• 醃漬翅中。洋蔥切月形。

• 長豆洗淨切段。

• 牛蒡、紅蘿蔔切絲。鹹蛋的蛋白與蛋黃分開切碎。

• 豆干切小方塊，辣椒切小段，九層塔洗淨。

• 預約煮飯。

① 啤酒雞翅

材料

翅中・6 隻

蒜片・5 片

洋蔥・1/2 顆

啤酒・60ml

A 番茄醬・5 大匙
醬油・2 大匙
伍斯特醬・1 大匙

鹽・少許

白胡椒粉・少許

作法

［前一晚］

1. 用刀將翅中切分成兩段（圖1）。撒鹽和白胡椒粉抓醃後置於保鮮盒冷藏。

2. 洋蔥切月形，冷藏。

［當天］

3. 起油鍋，油熱了之後爆香蒜片，放入作法①，煎到金黃後翻面，放入洋蔥，沿鍋邊倒入啤酒，蓋上鍋蓋將雞翅燜熟。

4. 開蓋後倒入醬汁［**A**］，拌炒至醬汁濃稠收汁即可。

② 金沙長豆

材料

長豆‧200 公克

鹹蛋‧2 顆

薑片‧2 片

糖‧1 小匙

鹽‧1 小匙

米酒‧少許

作法

［前一晚］

1. 長豆洗淨，切成 5 公分小段。鹹蛋剝開，蛋白與蛋黃分開切碎。

［當天］

2. 起油鍋，放入薑片爆香，放入長豆，加入糖和鹽，稍微拌炒後嗆一點米酒，蓋上鍋蓋悶一下，開蓋後再翻炒一下，盛起。

3. 再起油鍋，油熱了之後將鹹蛋黃放入，炒到乳化（蛋黃變成細膩狀，圖2），放入作法②拌炒，再加入鹹蛋白稍微翻炒即可。

③ 塔香豆干

材料

豆干‧6 塊

九層塔‧30 公克

辣椒‧1 根

蒜片‧6 片

A | 醬油膏‧1 大匙
| 米酒‧1 大匙
| 糖‧1 小匙

作法

［前一晚］

1. 豆干切成小方塊。九層塔洗淨，辣椒對切後去籽，切小段。

［當天］

2. 炒鍋加熱，加入油，放入豆干，讓表面煎到上色。

3. 再加入蒜片和［A］，煮到醬汁變少，起鍋前放入九層塔和辣椒即完成。

④ 炒小魚牛蒡

材料

牛蒡‧200 公克

魩仔魚‧50 公克

A | 蒜末‧1 小匙
| 醬油‧1 小匙
| 糖‧1 小匙

辣椒‧適量

作法

［前一晚］

1. 牛蒡洗淨切絲馬上泡水，5 分鐘後取出瀝乾。辣椒對切後去籽，切小段。冷藏。

［當天］

2. 平底鍋加熱，加油，放入魩仔魚炒至表面有點焦黃後取出備用。

3. 同一鍋再加入一點油，放入牛蒡炒香，放入［A］，拌炒均勻後加入作法②的魩仔魚和辣椒即可。

香菜牛肉棒便當

鮭魚青蔥飯糰／醬燒鴻喜菇／涼拌海帶根　　　　〔2人份〕

前一晚準備

• 牛絞肉和香菜拌勻。• 鮭魚煎熟後做成鮭魚鬆。• 製作涼拌海帶根。• 製作醬燒鴻喜菇。• 預約煮飯。

① 香菜牛肉棒

材料

牛絞肉・200 公克

　　麵包粉・10 公克

　　牛奶・20ml

A　蛋黃・1 顆

　　鹽・1 小匙

　　黑胡椒粉・1 小匙

香菜・10 公克

白酒・少許

奶油・10 公克

番茄醬・2 大匙

冰棒棍・4 支

作法

［前一晚］

1. 取一料理盆，放入牛絞肉，加入［**A**］，用手拌勻，如此數次，讓肉增加黏性。再加入香菜拌勻，放入保鮮盒內冷藏。

［當天］

2. 取出作法①，取適量在兩手之間互甩（圖1、2），排除多於空氣，捏成橢圓形，插入冰棒棍（圖3）。

3. 平底鍋加熱，加油，油熱了之後放入作法③，轉中小火，約煎 5 分鐘，翻面後嗆一點白酒，蓋上鍋蓋讓肉排煎到熟。

4. 起鍋前放入奶油，奶油溶化後加入番茄醬，讓牛肉棒均勻沾附醬汁即完成。

② 鮭魚青蔥飯糰 ▷

材料

鮭魚‧200 公克
青蔥‧3 根
鹽‧少許
白胡椒粉‧少許
黑芝麻‧1 大匙
白飯‧3 碗

作法

［前一晚］

1. 鮭魚表面撒鹽和白胡椒粉，靜置 10 分鐘後將表面水分吸乾。
2. 平底鍋加熱，鍋子熱了之後將鮭魚放入煎熟，兩面都煎至金黃，煎好後取出放涼。
3. 用兩隻叉子將鮭魚撥成小片並將刺剔除，做成鮭魚鬆，放入保鮮盒內冷藏。
4. 青蔥切細末，放於保鮮盒內冷藏。

［當天］

5. 取一大碗，放入白飯、黑芝麻及作法③和作法④拌勻。
6. 雙手沾溼，取適量飯，用手捏成三角形即完成。

③ 醬燒鴻喜菇

材料

鴻喜菇‧1 包
紅蘿蔔‧1/3 根
薑末‧1 小匙
A 醬油‧1/2 大匙
味醂‧1 大匙
米酒‧1 大匙

作法

［前一晚］

1. 紅蘿蔔切絲。鴻喜菇切除底部約 2 公分，再將鴻喜菇個別撥開。
2. 鍋子加熱、加油，爆香薑末，放入紅蘿蔔絲和鴻喜菇拌炒，加入 ［A］，小火滾煮，煮至醬汁變稠或變少即可放入保鮮盒內冷藏。

［當天］

3. 由冰箱取出作法②放入便當盒內。

④ 涼拌海帶根 ▷

材料

海帶根‧200 公克
A 醬油膏‧1 大匙
香油‧1 大匙
黑醋‧1 大匙
薑絲‧10 公克
辣椒‧1 根

作法

［前一晚］

1. 海帶根泡水 1 小時，用滾水煮 2 分鐘後撈起沖冷開水。辣椒去籽後輪切。
2. 取一保鮮盒，放入 ［A］ 拌勻，加入作法①和薑絲、辣椒拌勻，蓋上蓋子冷藏。

［當天］

3. 由冰箱取出作法②放入便當盒內。

星期五
menu

20

醋溜雞柳便當

番茄鮪魚玉子燒／椒鹽杏鮑菇／四季豆　　　　〔2人份〕

前一晚準備

- 醃雞柳。
- 番茄切圓片，綠花椰菜切細末。
- 紅椒和黃椒切絲。
- 杏鮑菇切片。
- 四季豆洗淨切段。
- 預約煮飯。

① 醋溜雞柳 ▶

材料

雞柳・300 公克
鹽・少許
白胡椒粉・少許
紅椒・60 公克
黃椒・60 公克
麵粉・1 大匙

A｜醬油・1/2 大匙
　｜米酒・1/2 大匙
　｜糖・1 大匙

黑醋・1 大匙

作法

［前一晚］

1. 雞柳表面撒少許鹽和白胡椒粉抓醃，放入保鮮盒內冷藏。

2. 紅椒、黃椒洗淨切絲，放入保鮮盒內冷藏。

［當天］

3. 取出作法①的雞柳，表面裹上一層麵粉。

4. 平底鍋加熱，加油，放入雞柳煎至表面金黃。

5. 加入［A］，讓雞柳吸附醬汁，待醬汁變濃稠後加入黃、紅椒，起鍋前再加入黑醋，拌炒均勻即完成。

② 番茄鮪魚玉子燒 ▶

材料

牛番茄・1 顆
綠花椰菜・少許
鮪魚罐頭・1/2 罐
蛋・4 顆

A 高湯・25ml
鹽・少許
糖・1 小匙

作法

［前一晚］

1. 番茄切圓片，綠花椰菜洗淨切細末。

［當天］

2. 鮪魚罐頭打開後將湯汁濾除。蛋打散，加入［A］混合均勻。

3. 玉子燒鍋加熱，加少許油潤鍋，放入切片番茄稍微煎一下，慢慢倒入蛋液（圖1），將蛋皮對折，再倒入蛋液（圖2），鋪上鮪魚和綠花椰菜，由下至上，慢慢將蛋捲起（圖3）。如此重複2～3次將蛋捲好即可。放涼後切開。（作法請參見 P66）

③ 椒鹽杏鮑菇

材料

杏鮑菇・3 朵
鹽・適量
黑胡椒粉・適量
奶油・10 公克

作法

［前一晚］

1. 杏鮑菇切片（縱切），每片約 0.5 公分厚，冷藏。

［當天］

2. 起油鍋，鍋子熱了之後轉小火，鋪上杏鮑菇，逼出杏鮑菇的水分，表面煎到金黃再翻面，另一面也如此。

3. 兩面都煎到金黃後，關火，放入奶油，撒入鹽和黑胡椒粉，拌勻即可。

④ 四季豆

材料

四季豆・100 公克

作法

［前一晚］

1. 四季豆洗淨，切除頭尾後再切成 4 公分小段，冷藏。

［當天］

2. 起一鍋滾水，加入少許鹽，放入四季豆汆燙 30 秒。

3. 燙好後馬上用冰水冰鎮，降溫後瀝乾。

Column

飯糰

可以帶飯糰也是冷便當的優點之一。我們全家都愛飯糰，各式各樣的飯糰讓人食慾大增。每次打開便當看到飯糰，孩子總是開心微笑，也讓同學羨慕不已。一般家裡食用的米飯都可以拿來捏飯糰。糙米或多穀米因為顆粒大小不一，及烹煮方式各有不同，建議可先取一些試捏看看。

［ 基本飯糰製作步驟 ］

1. 依包裝指示將米飯煮熟，將煮好的飯放入料理盆內，用飯勺拌一拌，讓溫度降至不會燙手的溫度。
2. 用飯勺將米飯大略均分，備一碗乾淨的過濾水，雙手沾濕，每次取一份捏飯糰。
3. 一邊捏一邊將飯糰內空氣擠出。

Tips‧如果想吃醋飯，請在步驟①加入醋飯醬一起拌勻。（醋飯醬：白醋 1 大匙＋糖 2 小匙。）

4. 捏的時候兩手呈 90 度交叉將飯包覆，捏實了之後再捏塑成三角形或圓形。
5. 初學者可以利用保鮮膜將飯包起再捏，記住要把裡面空氣擠出，捏好後飯糰才不易散開。

［飯糰的變化］

飯糰的變化非常多，可以將餡料抹在飯上、或將餡料拌入米飯中，更可以將飯糰放在烤架上加熱，作法多元，吃法有趣。

拌料飯糰

米飯與食材拌勻後再將飯糰捏好，如毛豆蝦仁飯糰（作法請參見 p49）。

抹醬飯糰

飯糰捏好後在上面抹醬汁或醬料，例如蔥胖飯糰（作法請參見 p43）。

烤飯糰

飯糰捏好後，在上面塗抹味噌醬或醬油，再用煎或烤的方式完成。

Column

玉 子 燒 ▶

玉子燒是我非常喜歡也很常用的便當菜,除了可以讓便當視覺加分外,整齊的外觀也很適合擺盤,最重要的是,玉子燒可以加入多種食材做出很多變化。

[蛋液的比例]

蛋液的濃稠會影響口感,建議可依加入的食材來決定蛋液的比例,以下為我常用的比例:

- 蛋液加高湯,每一顆蛋加 7ml 高湯。
- 蛋液加牛奶,每一顆蛋加 7ml 牛奶。
- 蛋液加水,每一顆蛋加 5ml 水。
- 可適量加點鹽或糖調味。

[玉子燒小訣竅]

- 建議初學者蛋液內不要加味醂,因味醂內有米麴和糖,遇熱易焦黑。
- 玉子燒鍋種類多,初學者可挑選小型不沾鍋來練習,比較容易上手。
- 翻蛋的器具除了筷子外,也可用矽膠鏟輔助(不可使用塑膠鏟)。
- 煎玉子燒時要特別注意爐火大小,火太大容易將蛋煎到焦黑,必要時可關火或將玉子燒鍋稍微遠離火源。

[海苔玉子燒製作步驟]

1. 蛋液打散,和調味料拌勻。
2. 玉子燒鍋加熱,開小火,鍋子熱了之後倒入一層蛋液。
3. 鋪上海苔。

4. 由一邊（通常是靠近自己這邊）輕輕將蛋捲起。
5. 捲到底後再將蛋推回。
6. 鍋子空的地方加一點油，再淋上一層蛋液。

7. 鋪上另一片海苔。
8. 將蛋再次捲起。

9. 重複以上步驟，直到捲成需要的大小。
10. 切開即可。

Tips · 如何知道鍋子夠不夠熱？可將沾了蛋液的筷子在鍋上劃一下，如果蛋液馬上凝固就可以了。

Column

醃漬

帶冷便當的好處之一就是能帶漬物，漬物清爽解油膩，顏色鮮艷多變，是便當的最佳配角。

［簡單漬］

- 這是最簡單快速的漬法，因為時間短，所以醃漬的蔬菜請切細薄片。
- 保存時間：冷藏 2 天

小黃瓜簡單漬

材料
小黃瓜·1 條
鹽·1 小匙
糖·1 小匙

作法
小黃瓜切薄片，放入塑膠袋內，加入鹽和糖，將袋口旋緊，保留袋內空氣，上下左右搖晃，讓小黃瓜和調味料充分接觸即完成。

［蜜漬］

- 蜜漬就是加入蜂蜜，適合用在辛辣的蔬菜，例如洋蔥。
- 保存時間：冷藏 5 天

蜜漬紫洋蔥 ▶

材料
紫洋蔥·1 顆　　蘋果醋·1 大匙
鹽·少許　　　　蜂蜜·2 大匙

作法
1. 紫洋蔥切絲後撒鹽抓醃數次，用過濾水將表面的鹽分洗淨後瀝乾。
2. 放入乾淨的碗內，加鹽、蘋果醋和蜂蜜拌勻即可。

［淺漬］

- 淺漬也是快速漬法，只要 30 分鐘。請盡量切薄片較能入味。
- 保存時間：冷藏 3 天

淺漬蔬菜 ▶

材料

小黃瓜·2 條	嫩薑·3 片
紅蘿蔔·1/3 根	**A** 鹽·2 小匙
白蘿蔔·1/3 根	糖·2 大匙
高麗菜葉·3 片	蘋果醋·3 大匙

作法

1. 小黃瓜、紅蘿蔔、白蘿蔔切薄片，高麗菜用手撕成小片。
2. 取一夾鏈袋，將作法①的蔬菜和嫩薑放入，再放入［A］，拉上夾鏈袋後將整包蔬菜上下左右搖晃，讓蔬菜與調味料充分混合均勻。
3. 將袋內空氣排出，整包蔬菜放入冷藏 30 分鐘後即可食用。

［果醬醋漬］

- 利用果醬的甜味及醋的酸味來漬蔬菜。
- 保存時間：1 個月

柚子白玉蘿蔔 ▶

材料

白玉蘿蔔·3 根

鹽·適量

柚子果醬·1 大匙

蘋果醋·150ml

作法

1. 白玉蘿蔔洗淨後切薄片，在表面撒鹽後靜置 10 分鐘。
2. 10 分鐘後用手抓一下增加脆度，再用過濾水將表面鹽分沖掉瀝乾，放入乾淨的玻璃瓶內。
3. 將柚子果醬和蘋果醋拌勻，倒入作法②的玻璃瓶內，淹過蘿蔔即可，放冰箱冷藏。

[醋漬]

- 用昆布高湯加醋來漬蔬菜，沒有昆布高湯可用過濾水取代，但漬液的量一定要淹過蔬菜。
- 保存時間：1 個月

醋漬櫻桃蘿蔔 ▶

材料

櫻桃蘿蔔·100 公克		昆布高湯或水·200ml
鹽·適量	A	蘋果醋·40ml
		糖·100 公克
		鹽·1 小匙

作法

1. 取一小鍋，放入 [A]，加熱煮到糖融化即關火，放涼備用。

2. 櫻桃蘿蔔洗淨後切薄片，均勻撒鹽抓醃，靜置 10 分鐘。

3. 10 分鐘後用過濾水沖掉櫻桃蘿蔔表面的鹽，用手將水分擠乾，再裝入乾淨的玻璃瓶內。

4. 加入作法①，淹過櫻桃蘿蔔，放入冰箱冷藏 2 小時後即可食用。

昆布梅子漬蘿蔔 ▶

材料

白蘿蔔·50 公克	梅子·3 顆	
紅蘿蔔·50 公克		昆布高湯或水·200ml
鹽·適量	A	蘋果醋·40ml
昆布·10 公克		糖·100 公克

作法

1. 取一小鍋，放入 [A]，加熱煮到糖融化即關火，將昆布剪成絲狀，和梅子一起放入湯液，放涼備用。

2. 白蘿蔔和紅蘿蔔洗淨削皮後切薄片，撒鹽抓醃後靜置 10 分鐘。

3. 用過濾水將蘿蔔表面的鹽洗掉，用手將水擠乾，放入乾淨的玻璃瓶內，再倒入作法①，淹過蘿蔔即可，放入冰箱冷藏。

醋漬嫩薑	**醋漬紅薑**	**醋漬蓮藕**

<table>
<tr><td>

材料

嫩薑・200 公克

鹽・適量

A
昆布高湯或水・200ml
蘋果醋・40ml
糖・100 公克
鹽・1 小匙

</td><td>

材料

嫩薑・200 公克

鹽・適量

A
紅醋・200ml
糖・100 公克

</td><td>

材料

蓮藕・200 公克

A
昆布高湯或水・200ml
蘋果醋・40ml
糖・100 公克
鹽・1 小匙

</td></tr>
</table>

作法

1. 取一小湯鍋，倒入 [A]，煮到糖融化後放涼備用。
2. 嫩薑切薄片，均勻撒上一點鹽，靜置 2 小時後用熱水汆燙，燙好後取出瀝乾，放入玻璃容器，加入作法①，淹過薑片即可，放入冰箱冷藏。

作法

1. 取一小湯鍋，倒入 [A]，煮到糖融化後放涼備用。
2. 嫩薑切薄片後切細絲，撒上一點鹽，靜置 1 小時後用熱水汆燙，燙好後取出瀝乾，放入玻璃容器，加入作法①，淹過薑絲即可，放入冰箱冷藏。

作法

1. 取一小湯鍋，倒入 [A]，煮到糖融化後放涼備用。
2. 蓮藕切薄片，用熱水滾煮 5 分鐘，煮好取出放涼，放入玻璃容器，加入作法①，淹過蓮藕片即可，放入冰箱冷藏。

涼拌鮮蝦通心麵 ▶

〔2人份〕

材料

通心麵·200 公克

蝦仁（大）·12 尾

A 太白粉·2 小匙
米酒·30ml

紫洋蔥·1/2 顆

番茄·1 顆

B 檸檬汁·1/2 顆
糖·1 大匙
鹽·2 小匙

香菜·少許

橄欖油·少許

鹽·少許

黑胡椒粉·少許

Tips· ❶麵類主食煮好後用冷水沖過、瀝乾，再淋油拌勻，可防止麵糊掉，也不會黏在一起。❷義大利麵建議淋橄欖油，中式麵條建議淋香油。

作法

［前一晚］

1. 通心麵依包裝指示煮熟，撈起沖冷水後瀝乾放入保鮮盒內，淋上一匙橄欖油後拌勻，上蓋後置於冰箱冷藏。

2. 紫洋蔥切絲，泡冷水 30 分鐘後取出，放入保鮮盒內冷藏。番茄切丁，放入保鮮盒內冷藏。

3. 蝦仁放入碗內，加入［**A**］後用手抓幾下，再用清水沖乾淨，放入保鮮盒內冷藏。

［當天］

4. 蝦仁取出後用廚房紙巾將表面水分吸乾，起油鍋，將蝦仁放入煎熟，撒上鹽和黑胡椒粉後備用。

5. 取一料理盆，放入作法①的通心麵、作法②的紫洋蔥和番茄、作法④的蝦仁，再加入［**B**］拌勻（圖 1），最後撒上香菜即完成。

便當日記

非常適合夏天的涼拌便當，爽口又開胃。蝦仁可用煎過的雞胸肉代替，也非常好吃。

雞肉總匯三明治

〔2人份〕

材料

雞胸肉・80 公克

薑片・1 片

蔥段・3 段

吐司・3 片

奶油・少許

蘿蔓生菜・2 片

番茄・2 片

起司片・1 片

美乃滋・1 大匙

鹽・少許

白胡椒粉・少許

Tips・❶雞胸肉也可以用蒸的。❷煮雞胸肉的湯汁可當高湯再利用。❸吐司抹上奶油可以隔絕內夾食物的水氣，讓吐司不會濕軟，維持酥脆。

作法

［前一晚］

1. 取一小湯鍋，放入雞胸肉、蔥和薑，加水淹過雞胸肉，水煮滾後轉小火再煮 5 分鐘，蓋上鍋蓋靜置，放涼後，整鍋放入冰箱冷藏。

2. 番茄切圓片，冷藏。

［當天］

3. 吐司烤至表面酥脆後抹上奶油備用。雞胸肉取出，斜切成大薄片。

4. 起油鍋，將切好的雞胸肉煎到表面有點金黃。

5. 取 1 片吐司，擠上適量美乃滋抹勻，鋪上蘿蔓生菜和作法②的番茄片，撒一點鹽和白胡椒粉，鋪上第 2 片土司，擠上適量美乃滋，鋪上起司片和雞胸肉，再次撒上鹽和白胡椒粉，蓋上最後 1 片吐司。

6. 用 4 根牙籤固定吐司四邊（圖 1），再用麵包刀沿著兩邊對角線切開（圖 2）即完成。

便當日記

三明治＋水果的組合非常適合野餐與校外教學的日子，尤其裝在美麗繽紛的餅乾盒裡會讓心情更加分。

燒肉米漢堡 ▶

〔2人份〕

材料

白飯 · 2 碗

綠葉萵苣 · 4 片

洋蔥 · 1/2 顆

豬五花肉片 · 150 公克

芝麻油 · 適量

A │ 醬油 · 1 大匙
  │ 米酒 · 1 大匙
  │ 糖 · 1 大匙

Tips · 製作米餅時建議用熱飯，米飯的水氣有助於增加黏度。另外要確實壓緊，將空氣排出，米飯才不會散開。

作法

1. 起油鍋，放入切好的洋蔥拌炒，再放入肉片，肉片七分熟時倒入〔**A**〕，炒到肉片熟透後關火備用。

2. 玉子燒鍋加熱，倒一點芝麻油潤鍋，放入 1 碗白飯，將白飯壓實壓平（圖 1），煎 2 分鐘後翻面（圖 2），另一面也煎 2 分鐘後取出。

3. 將煎好的米餅對切（圖 3），依序在米餅鋪上萵苣、作法①，最後蓋上另 1 片米餅就完成了。

便當日記

除了燒肉，也可用照燒雞腿排，這樣就是和風雞肉米漢堡了。

涼拌蒟蒻小黃瓜雞絲 ▶

〔2人份〕

材料

雞胸肉・150 公克

A
蔥・1 根
薑片・2 片
米酒・50ml
鹽・1 小匙

蒟蒻絲・300 公克

鹽・少許

香油・少許

小黃瓜・2 條

B
蒜末・10 公克
糖・10 公克
醬油・2 大匙
香油・3 大匙
白胡椒粉・少許

辣椒絲・少許

Tips・❶市售蒟蒻大多有腥味，用鹽抓醃後再用熱水煮過可改善。❷不喜歡蒟蒻可用冬粉、寬粉代替。

作法

〔前一晚〕

1. 雞胸肉放入鍋中，加入水淹過雞胸肉，加入 [A]，煮滾後轉小火，加蓋悶煮 5 分鐘，煮好後取出稍微放涼，將雞胸肉剝成細絲（圖 1），放入保鮮盒中冷藏。

2. 蒟蒻絲加鹽抓醃一下去腥味，放入作法①的湯汁（雞肉已取出）裡滾煮 1 分鐘後撈出，用冷水沖洗，瀝乾後淋上香油拌勻，置於保鮮盒冷藏。

〔當天〕

3. 小黃瓜洗淨後刨絲，放入大碗內，加入作法①與作法②，最後淋上 [B] 拌勻，再放上辣椒絲即可。

涼拌豬肉寬粉 ▶

〔2 人份〕

材料

蝦乾·10 公克

紅蔥頭·3 瓣

洋蔥·1/2 顆

A
| 糖·1 大匙
| 香油·1 大匙
| 醬油·4 大匙
| 醋·4 大匙
| 魚露·1 大匙
| 檸檬汁·半顆

香菜·少許

蛋液·4 顆

寬粉·60 公克

里肌豬肉片·180 公克

Tips· ❶蝦乾（金鉤蝦）在一般超市非常容易買到，通常會和冷藏海鮮類放一起。❷紅蔥頭比較嗆，切片時可能容易流淚喔！❸洋蔥泡水可降低辛辣度，吃起來口感會好一點，泡冰水效果更好。❹魚露可在超市購得，因用量不太，建議買小罐裝就好。

作法

［前一晚］

1. 洋蔥切絲，泡水 10 分鐘後取出瀝乾，蝦乾泡水 20 分鐘後取出瀝乾，紅蔥頭切薄片。

2. 起油鍋，爆香紅蔥頭，放入蝦乾一起拌炒，炒出香味後先取出。

3. 洋蔥和作法②一起放入保鮮盒內，上蓋後置於冰箱冷藏。

［當天］

4. 起油鍋，倒入蛋液，將蛋炒熟。（請參見 p49 蛋鬆作法）

5. 起一鍋滾水，放入寬粉，依包裝指示將寬粉煮熟後取出，沖冷水，瀝乾備用。同一鍋滾水，放入豬肉片涮一下，取出放涼備用。

6. 取一大碗，放入寬粉、肉片、蛋、香菜及作法③，最後淋上［A］的醬汁（圖 1），拌勻後即完成。

1

墨西哥辣椒牛肉鬆餅

〔2人份〕

材料

洋蔥·1/2 顆

墨西哥辣椒（罐頭）·3 根

牛絞肉·150 公克

A
- 鹽·2 小匙
- 黑胡椒粉·1 小匙
- 伍斯特醬·1/2 大匙

市售鬆餅粉

蛋·1 顆

牛奶·100ml

Tips·❶墨西哥辣椒比較辣，不吃辣的可以不加，直接用洋蔥牛肉即可。❷沒有鬆餅機可將鬆餅糊和肉餡拌勻，在平底鍋或玉子燒鍋煎成薄餅。

作法

［前一晚］

1. 洋蔥切丁，墨西哥辣椒切小段。

2. 起油鍋，放入洋蔥爆香，再放入牛絞肉拌炒，炒到半熟加入墨西哥辣椒和［A］，肉熟後取出，置於保鮮盒內冷藏。

［當天］

3. 市售鬆餅粉依包裝指示（加蛋及牛奶）調成鬆餅糊。先淋一層鬆餅糊於鬆餅機上，鋪上作法②的牛肉，再淋一層鬆餅糊，闔上鬆餅機，烤熟即可。

酸黃瓜鮭魚起司鯛魚燒 ▶

〔2人份〕

材料

市售鬆餅粉
蛋・1 顆
牛奶・100ml
鮭魚鬆・2 大匙
酸黃瓜（罐頭）・2 大匙
起司・4 片
橄欖油・少許

作法

1. 酸黃瓜切小丁。4 片起司疊起，再切成九宮格正方體。

2. 市售鬆餅粉依包裝指示（加蛋及牛奶）調成鬆餅糊。鬆餅
   糊放入調理盆內，加入鮭魚鬆和酸黃瓜拌勻。

3. 鯛魚燒烤盤抹油，淋上作法②的麵糊，放上一小塊起司，
   再淋一次麵糊，闔上鬆餅機，烤熟即可。

自製鮭魚鬆

❶鮭魚用水稍微沖過，表面擦乾後撒鹽和白胡椒粉靜置 10 分鐘。
❷平底鍋加熱，鍋子熱了之後將鮭魚放入煎熟，再取出放涼。
❸用手或用叉子將魚肉剝成小片即完成。

鹽麴雞腿排 & 火腿馬鈴薯三明治

〔2人份〕

材料

去骨雞腿排・2 片
（約 360 公克）
鹽麴・1 大匙
米酒・1 小匙
吐司・6 片
綠葉萵苣・2 片
馬鈴薯・1 顆
A │ 奶油・10 公克
  │ 鹽・1 小匙
  │ 黑胡椒粉・少許
美乃滋・1 大匙
奶油・適量
火腿・6 片
起司・2 片

作法

〔前一晚〕

1. 去骨雞腿排洗淨後抹上鹽麴和米酒，置於保鮮盒中冷藏。

2. 馬鈴薯洗淨、切塊後蒸熟，蒸好後趁熱加入 [**A**]，壓成泥狀後拌勻，置於保鮮盒內冷藏。

〔當天〕

3. 取出作法①的雞腿排，撥除表面鹽麴，送入已預熱烤箱，以 220 度烤 15 分鐘。

4. 取出作法②的馬鈴薯泥，加入 1 大匙美乃滋拌勻。

5. 吐司烤好後抹上奶油，鋪上 2 片火腿片，中間兩側立起，將 1 大匙馬鈴薯泥鋪在火腿片左邊，1 大匙鋪在火腿片右邊（圖1），再將立起的火腿片蓋上（圖2）。鋪上 1 片起司片，再蓋上第 2 片吐司，放上 1 片萵苣，放上雞腿排，最後蓋上第 3 片火腿。

6. 用保鮮膜將吐司包緊，對切即完成。

便當日記

這是相當有飽足感的巨量三明治，適合發育中的孩子，胃口小的人可分成兩種不同的三明治分開帶。

炸豬排免捏飯糰 ▶

〔2人份〕

材料

厚里肌豬排·2片

麵粉·2大匙

蛋液·1顆

麵包粉·2大匙

海苔（大）·2片

白飯·2碗

高麗菜·40公克

豬排醬·20ml（豬排醬
可買市售或自製）

鹽·少許

白胡椒粉·少許

Tips·❶用刀尖刺豬排（不
要切斷），可助豬排斷筋，炸
過才不會太硬。❷豬排炸好後
靜置5-10分鐘，稍微放涼可
以增加酥脆度。❸高麗菜泡冰
水可增加脆度。❹切飯糰時刀
子可沾濕，下刀會比較順，切
口也比較好看。

自製豬排醬

番茄醬 60ml
醬油 40ml
味醂 40ml
伍斯特醬 50ml
冰糖 1大匙

將所有醬料放入小鍋內，
以小火煮到醬汁變稠即可。

作法

〔前一晚〕

1. 高麗菜洗淨後切絲，泡冰水20分鐘後瀝乾，放入保鮮盒
中冷藏。

2. 豬排斷筋拍打，撒上鹽和白胡椒粉，放入保鮮盒中冷藏。

〔當天〕

3. 將作法②的豬排依序沾裹麵粉、蛋液、麵包粉。取一平
底鍋倒入耐高溫油，油加至約鍋身2公分高，加熱至170
度，輕輕放入豬排，轉中火，炸4分鐘，翻面後再炸3分
鐘，取出瀝油。

4. 鋪上一張保鮮膜，放上1片大海苔，再鋪上一層白飯（約
6公分正方，圖1），放上高麗菜絲（圖2）放上豬排後，
淋上豬排醬（圖3），再鋪上白飯。拉起四邊海苔把白飯
包起（圖4），再用保鮮膜包緊，靜置3分鐘。

5. 刀子沾點水，將飯糰對切。依序再完成另一個飯糰。

厚蛋培根免捏飯糰 ▶

〔2人份〕

材料

蛋·4 顆

A │ 高湯·30ml
　 │ 鹽·少許

小黃瓜·1 條

煙燻培根·6 條

海苔（大）·2 片

作法

1. 蛋打散，加入［A］拌勻。玉子燒鍋加熱，抹一點油，分次倒入蛋液，將蛋對折，再次倒入蛋液，再次對折，如此重複直到形成厚蛋。（作法請參見 p64）

2. 平底鍋加熱，將培根煎到表面酥脆。

3. 小黃瓜洗淨擦乾後切成長條薄片，約 6 公分長。

4. 鋪上一張保鮮膜，放上 1 片大海苔，鋪上一層白飯（約 6 公分正方），再鋪上厚蛋、小黃瓜和培根，再鋪上白飯。拉起四邊海苔把白飯包起（圖1），用保鮮膜包緊（圖2），靜置 3 分鐘。

5. 刀子沾點水，將飯糰對切。依序再完成另一個飯糰。

┌─────────────┐
│ **便當日記** │
└─────────────┘

免捏飯糰的優點是能包覆多種食材，而且種類幾乎不限，有時候不知怎麼擺出漂亮便當，就把全部東西包進去做成飯糰吧。

鮪魚蘆筍貝果

〔2人份〕

材料

貝果·2個
鮪魚罐頭·1罐
蘆筍·70公克
紫洋蔥·1/2顆
奶油·少許

A	美乃滋·3大匙
	芥末醬·1小匙
	糖·1大匙
	檸檬汁·1/2顆
	巴薩米克醋·1大匙

鹽 少許

作法

〔前一晚〕

1. 蘆筍洗淨，削去粗皮，切成3公分小段，小湯鍋煮水，加入1小匙鹽，放入蘆筍汆燙後取出冰鎮，瀝乾放入保鮮盒冷藏。

2. 紫洋蔥切絲，泡冷水30分鐘後瀝乾，放入保鮮盒冷藏。

〔當天〕

3. 打開鮪魚罐頭，將湯汁瀝出，倒入大碗，將作法①和作法2及［A］一起放入拌勻。

4. 貝果剖開後稍微烤一下，抹上奶油，2片中間夾入作法③即完成。依序再完成另一個貝果。

Tips · ❶紫洋蔥是為了增加顏色鮮艷度，若買不到紫洋蔥，用一般洋蔥也可。❷貝果抹奶油可防止食物中的水氣讓貝果變濕軟。

炒泡麵三明治

〔2人份〕

材料

泡麵‧1 包
洋蔥‧1/2 顆
豬肉片‧100 公克
豬排醬（炒麵醬）‧4 大匙
吐司‧2 片
蛋‧2 顆
奶油‧適量

Tips‧買不到炒麵醬可用豬排醬代
替，自製豬排醬作法請參見 p87。

作法

1. 煮一鍋滾水，放入泡麵煮 1 分鐘後撈起備用。煎兩顆
   荷包蛋。

2. 起油鍋，油熱了之後放入豬肉片和切絲的洋蔥，肉煎熟
   後放入作法①的泡麵，加入豬排醬，炒勻後關火。

3. 吐司烤好後抹上奶油，放上一顆荷包蛋，放上泡麵，再
   放一顆荷包蛋，最後蓋上另 1 片吐司，用保鮮膜將吐司
   包緊，對切後即完成。

偶爾會忙到沒時間買菜，這時可以好好利用超商食材，
簡單烹煮，一樣也能做出完美便當。

最受大人小孩喜愛的酸甜好滋味

糖醋排骨便當

〔1人份〕

材料

香蒜排骨酥‧1 包
小滷青蔬‧1 包
洋蔥‧1/4 顆

A
番茄醬‧2 大匙
白醋‧2 大匙
水‧1 大匙
糖‧1 大匙
鹽‧1 小匙

作法

1. 洋蔥切小塊，起油鍋，爆香洋蔥，加入 ［A］ 拌炒，放入一包香蒜排骨酥，拌炒均勻即完成糖醋排骨。

2. 即食蔬菜依包裝指示微波加熱。

3. 將作法①和②放入鋪好白飯的便當盒內即可。

超商冷凍
食材提案
①

香蒜排骨酥

＋

小滷青蔬

快速就能做出的一道暖心湯麵

香菇雞燉湯烏龍麵便當

〔1人份〕

材料

香菇雞燉湯‧1 盒
讚岐烏龍麵‧1 包
香油‧少許

作法

1. 煮一鍋水，水滾了之後將冷凍烏龍麵放入煮 3 分鐘，撈起沖冷水瀝乾，放入便當盒後淋一點香油拌勻。

2. 香菇雞燉湯以微波加熱，趁熱放入悶燒罐內。

3. 用餐的時候將作法①放入作法②即可。

Tips‧麵類煮好後沖冷水再拌油可讓麵條不沾黏也不軟爛。

超商冷凍
食材提案
②

讚岐烏龍麵

＋

香菇雞燉湯

只要加點料，搖身一變成餐廳美食

親子丼便當

〔1人份〕

材料

香辣霸王雞球 · 1 包
蛋 · 1 顆
洋蔥 · 1/4 顆
蔥花 · 1 大匙

　　醬油 · 1 大匙
A　味醂 · 1 大匙
　　水 · 5 大匙

作法

1. 洋蔥切絲，蛋打散。

2. 起油鍋，放入洋蔥稍微炒一下。倒入 [A]，煮滾。

3. 放入香辣霸王雞球，淋上蛋液，蓋上鍋蓋悶 3 ～ 5 分鐘，開蓋後關火，盛入便當盒內，撒上蔥花即完成。

超商冷凍
食材提案
①

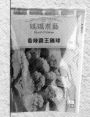

香辣霸王雞球

非常新穎的午餐新吃法

豆乳雞 & 毛豆便當

〔1人份〕

材料

豆乳雞 · 1 包
黑胡椒毛豆 · 1 包
白花椰菜 · 50 公克
香鬆 · 少許

作法

1. 白花椰菜洗淨後和豆乳雞放入已預熱烤箱，以 220 度烤 8 分鐘，取出後直接放入便當盒。

2. 毛豆不需加熱可直接放入便當盒。

3. 在白飯上撒一點香鬆即完成。

Tips · 白花椰菜可用其他蔬菜代替，若是葉菜類請用汆燙方式。

超商冷凍
食材提案
②

豆乳雞

＋

黑胡椒毛豆

起司雞腿條配上爽口的沙拉很對味

起司雞腿便當

〔1人份〕

材料

黃金霸王腿條・1 包
起司絲・2 大匙
生菜沙拉・1 盒

作法

1. 將黃金霸王腿條平鋪在烤盤上，撒上起司絲，送進烤箱，以 180 度烤 8 分鐘。

2. 取出後和生菜沙拉放入鋪好白飯的便當盒內即可。

簡易的蛋包飯作法，讓便當質感更加倍

BBQ 棒棒腿蛋包飯便當

〔1人份〕

材料

BBQ 棒棒腿・1 包
蛋・2 顆
白飯・1 碗
火腿・2 片
洋蔥・1/4 顆
番茄醬・2 大匙
鹽・1 小匙
生菜・1 盒

作法

1. 將 BBQ 棒棒腿放入烤箱，以 180 度烤 10 分鐘。

2. 洋蔥切碎，火腿切小丁。

3. 起油鍋，將洋蔥爆香炒軟，加入火腿拌炒，再放入白飯、鹽、番茄醬，拌炒均勻，盛起。

4. 平底鍋加熱，加油，轉小火，將蛋打散後倒入鍋中，形成淺淺薄層，蛋液變色後從旁邊輕輕拿起翻面，再稍微煎一下。

5. 將煎好的蛋皮放在長形碗上，再將作法③的炒飯填入、壓實，用邊緣剩餘蛋皮將飯包起，再整碗倒扣在便當盒裡。將蛋皮以對角線方式劃開，翻開蛋皮，撒少許火腿丁。

6. 烤箱取出棒棒腿，裝入便當盒內。

超商冷凍
食材提案
①

黃金霸王腿條

＋

生菜沙拉

超商冷凍
食材提案
②

BBQ 棒棒腿

加了牛奶的義大利麵香味更濃郁

培根義大利麵 & 炸雞便當

〔1人份〕

青醬培根蛤蠣
義大利麵

＋

日式風味
唐揚雞

材料

青醬培根蛤蠣
義大利麵‧1 包
日式風味唐揚雞‧1 包
牛奶‧50ml

作法

1. 唐揚雞放入已預熱烤箱，以 180 度烤 8 分鐘。

2. 平底鍋加熱，將青醬培根蛤蠣義大利麵倒入，加牛奶，將麵炒熱拌勻。完成後與唐揚雞一起放入便當盒內。

夜市美味也能帶便當

鍋貼滷味燙便當

〔1人份〕

經典鍋貼

＋

東山綜合滷味

材料

經典鍋貼‧1 包
東山綜合滷味‧1 包
青蔥‧1 根

作法

1. 將鍋貼和綜合滷味依包裝指示微波加熱。取出後放入便當盒內。

2. 青蔥洗淨後切細絲，擺在滷味上即完成。

絕對不會讓人失望的起司烤蔬菜，一定要試試看

番茄義大利麵 & 焗烤蔬菜便當

〔1人份〕

材料

番茄薰腸義大利麵‧1 包
義式風味烤蔬菜‧1 包
起司絲‧1 大匙

作法

1. 將義式風味烤蔬菜放入烤盤，撒上起司絲，放入已預熱烤箱，以230度烤6分鐘。

2. 平底鍋加熱，放入義大利麵拌炒，炒至麵熱即可。

3. 將作法①和作法②放入便當盒內即完成。

蛋餅與雞翅的絕妙搭配

火腿玉米蛋餅 & 烤雞翅便當

〔1人份〕

材料

火腿玉米蛋餅‧1 包
匈牙利香草烤雞翅‧1 包
生菜沙拉‧1 盒

作法

1. 雞翅放入已預熱烤箱，以180度烤8分鐘。

2. 平底鍋加熱，加一點油，放入蛋餅，煎到表面酥脆即可捲起。

3. 將作法①、作法②及生菜放入便當盒內即完成。

超商冷凍
食材提案
①

番茄薰腸義大利麵

＋

義式風味烤蔬菜

超商冷凍
食材提案
②

火腿玉米蛋餅

＋

匈牙利香草烤雞翅

＋

生菜沙拉

港式飲茶風味的組合便當

燒賣 & 餡餅 & 三角骨便當

〔1人份〕

超商冷凍
食材提案
①

綜合鮮肉燒賣
＋

一口爆漿餡餅
＋

材料

綜合鮮肉燒賣・1 包
一口爆漿餡餅・1 包
香烤三角骨・1 包

作法

1. 平底鍋加熱，加一點油，將餡餅煎到表面酥脆。

2. 燒賣和三角骨個別微波加熱即可。

3. 將作法①和作法②放入便當盒內即完成。

香烤三角骨

可愛的彈珠香腸讓人食慾大開

彈珠香腸 & 炒飯便當

〔1人份〕

超商冷凍
食材提案
②

串烤彈珠香腸
＋

材料

串烤彈珠香腸・1 包
培根火腿蛋拌飯・1 包

作法

1. 平底鍋加熱，將培根火腿蛋拌飯倒入拌炒。

2. 將彈珠香腸微波。

3. 將作法①和作法②放入便當盒內即完成。

培根火腿蛋拌飯

高湯

教課的時候，每次提到高湯，我都會分享一個小故事：當年我一結完婚就和先生出國念書，所以新婚前幾年每年只回台灣一次，每次和公婆住在一起的時間都不長。幾年前公公因為身體不好，婆婆常親自滴雞精給公公喝，有時候也會拿一些加在料理中增加營養。暑假正是絲瓜大產，婆婆偶爾會煮薑絲炒絲瓜，加一點雞精，讓這道料理更美味。一次婆婆說「宜芳，今天的絲瓜給你煮吧」，當時的我廚藝一

點都不行，公婆都在等，實在緊張的不得了，只好憑著印象，還有自己的感覺，勉強煮好端出來。沒想到全家人吃過一口，都睜大眼睛看著我說「怎麼這麼好吃！」一問之下才發現，平時婆婆煮菜時都省著用滴雞精，所以湯汁裡是水和雞精各半，而那天我是一滴水都沒加，把婆婆辛苦滴的雞精用了大半在這道料理中，難怪大獲好評，不過從那時我就明白，料理要美味，高湯絕對是重點啊！

［熬高湯的方法］

以下介紹幾款我常備的高湯，簡單容易，每週買肉時順便買大骨或雞骨，回家後先汆燙再開始熬，邊熬邊整理買回來的菜，順便也準備午晚餐，煮好後我會留一小鍋放在冷藏隨時備用，其餘的則用夾鏈袋分裝置於冷凍庫。高湯冷藏可放 3～5 天，冷凍可放 1～2 個月。

魚乾高湯 ▶

將一把小魚乾放入湯鍋中，浸泡 1 小時，瓦斯爐開火加熱煮滾，一邊煮一邊撈起浮沫，小火滾約 10 分鐘，關火後完成。

昆布高湯 ▶

乾燥的昆布放入冷水浸泡 1 小時，加入一把柴魚片，放在瓦斯爐上加熱，水滾後關火，取出昆布，稍微放涼再過濾就完成了。

大骨湯

可以用排骨或豬大骨，牛肉高湯則用牛大骨或肋骨。買回家後先用熱水汆燙，去除表面雜質和血水，幾分鐘後撈起，另起一鍋水，放入燙過的排骨或大骨熬煮至少 2 小時。通常我會再加一整顆洋蔥或是大蒜或是紅蘿蔔一起熬煮，不但可增加高湯甜味，營養也加倍。煮好後放涼、過濾就可分裝冷藏或冷凍。（洋蔥和大蒜是好物，可以增加抵抗力）排骨我會一次買很多，買回來就先汆燙，燙好後放涼用塑膠袋分裝，每包大約 4、5 塊，冷凍起來，要煮湯的時候再拿出來就好。燙過的排骨可直接煮排骨湯。

雞高湯

可以買雞骨架，或是用雞翅的第三節小翅，甚至是全雞來熬湯，作法和大骨湯一樣，先燙過再熬。想要更營養或增強抵抗力，請參見〈Chapter4 湯品－增強免疫力雞湯〉作法。

市售高湯粉

最省時的方式，請依包裝指示烹調，但建議用天然高湯粉。

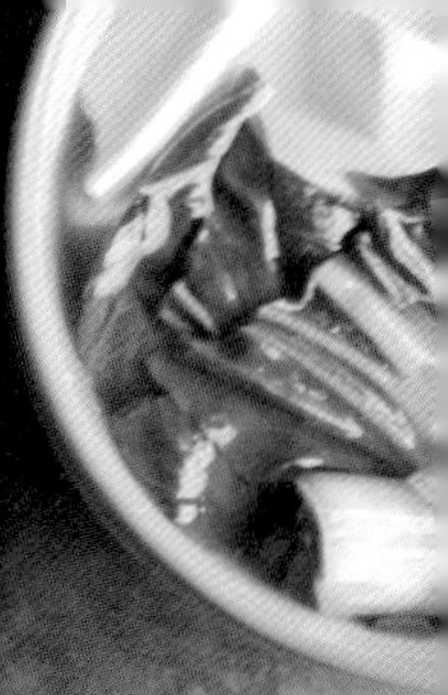

Chapter 4

湯 品

基礎湯品 / 增強免疫力雞湯 /

南瓜濃湯 / 馬鈴薯濃湯 / 玉米濃湯 /

紅蘿蔔濃湯 / 番茄濃湯 /

茄汁雞肉蔬菜濃湯 / 牛肉蔬菜濃湯 /

鮭魚味噌湯 / 麻油烏魚湯 / 芥菜地瓜雞湯 /

鮭魚白菜湯 / 豬肉番茄蔬菜湯

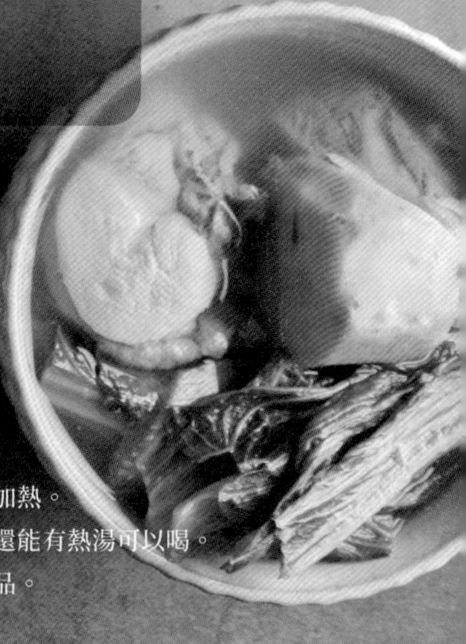

悶燒罐是冷便當最好的搭檔，一樣不用蒸、不用加熱。

通常我會前一晚先將湯煮好，早上熱過後放入悶燒罐，到中午還能有熱湯可以喝。

除了湯品，也可以帶咖哩、紅燒牛腩或其他燉品。

基礎湯品

最基礎的湯品就是以高湯當湯底，加入蔬菜後調味，煮滾就完成。
例如青菜豆腐湯、蘿蔔湯等等。

增強免疫力雞湯

材料

雞・半隻（約 1 公斤）

水・3000ml

番茄・2 顆

洋蔥・1 顆

西洋芹・3 根

紅蘿蔔・1 根

青蔥・4 根

蒜苗・3 根

大蒜・10 瓣

湯品小建議

季節交替或流感、腸病流行時，我都會煮一大鍋，除了直接喝，也能用來蒸蛋、煮稀飯或加入其他料理中。

作法

1. 湯鍋內加水，放入洗淨切塊的雞肉，邊煮邊撈浮沫，小火滾煮後蓋上鍋蓋煮 2 小時。

2. 將所有青菜洗淨，番茄、洋蔥、紅蘿蔔對切或切大塊，西洋芹、青蔥、蒜苗切段，大蒜剝皮。

3. 將作法①的湯過濾至另一湯鍋，放入作法②的青菜，開火煮滾，蓋上鍋蓋後轉小火煮 1 小時。

4. 煮好後過濾即完成。

南瓜濃湯 〔2人份〕

材料

南瓜‧400 公克
馬鈴薯‧150 公克
洋蔥‧1/2 顆
奶油‧15 公克
大骨高湯‧1000ml
鮮奶油‧100ml
鹽‧2 小匙
糖‧1 小匙
黑胡椒粉‧1 小匙

作法

1. 南瓜、馬鈴薯洗淨削皮後切成塊狀。洋蔥切小塊。
2. 湯鍋加熱，放入奶油融化，加入洋蔥拌炒，再加南瓜、馬鈴薯拌炒。
3. 加入高湯，煮滾後轉小火蓋上鍋蓋，煮到南瓜可以輕易用筷子夾斷即關火。
4. 用攪拌棒將南瓜湯打成泥狀，加入鮮奶油，再度開火將濃湯煮滾，再加入鹽、糖和黑胡椒粉調味即可。

馬鈴薯濃湯 〔2人份〕

材料

馬鈴薯‧1 顆（約 300 公克）　　大骨高湯‧800ml
大蒜‧5 瓣　　　　　　　　　　鹽‧3 小匙
西洋芹‧1 根（約 60 公克）　　　黑胡椒粉‧1 小匙
蒜苗‧2 根　　　　　　　　　　鮮奶油‧100ml
奶油‧20 公克

作法

1. 大蒜切片。蒜苗洗淨後去頭尾（只取白色部分）切小段。馬鈴薯洗淨削皮後切成小塊狀。西洋芹洗淨後切成小段。
2. 湯鍋加熱後融化奶油，爆香蒜片和蒜苗，加入馬鈴薯塊和西洋芹稍微拌炒。
3. 加入高湯，加鹽和黑胡椒粉調味，煮到滾後轉小火，蓋上鍋蓋煮 30 分鐘。
4. 關火，用食物調理棒將湯內的食材打成濃稠狀，加入鮮奶油，再煮到滾即可。

玉米濃湯 ▶ 〔2人份〕

材料

玉米粒‧1 罐（198 公克）　　麵粉‧1 大匙
大骨高湯‧750ml　　　　　　牛奶‧250ml
洋蔥‧1/4 顆　　　　　　　　鹽、黑胡椒‧適量
奶油‧10 公克

作法

1. 洋蔥切碎。玉米粒瀝乾後均分成兩份。
2. 取一份玉米粒，加高湯後用食物調理棒打成泥狀。
3. 湯鍋加熱，加入奶油融化，先後放入洋蔥和另一份玉米粒拌炒，分次慢慢加入麵粉，不停攪拌，讓麵粉和玉米粒形成黏滑又不結塊的狀態。
4. 倒入作法②的玉米泥，再加入牛奶，加鹽和黑胡椒粉調味，煮滾後再煮 10 分鐘即可。

紅蘿蔔濃湯 〔2人份〕

材料

紅蘿蔔・1 根　　　玉米粒・2 大匙
馬鈴薯・1/2 顆　　鮮奶油・100ml
洋蔥・1/2 顆　　　鹽・2 小匙
奶油・15 公克　　黑胡椒粉・1 小匙
雞高湯・1000ml

作法

1. 紅蘿蔔、馬鈴薯洗淨削皮後切成塊狀。洋蔥切小塊。

2. 湯鍋加熱，放入奶油融化，加入洋蔥拌炒，再加入紅蘿蔔、馬鈴薯稍微拌炒。

3. 加入高湯，煮滾後轉小火蓋上鍋蓋，煮到馬鈴薯可輕易用筷子夾斷即關火。

4. 加入玉米粒，用食物調理棒將鍋內食材打成泥狀，加入鮮奶油，開火將濃湯煮滾，再加入鹽和黑胡椒粉調味即可。

番茄濃湯 〔2人份〕

材料

番茄・250 公克　　大骨高湯・1000ml
大蒜・5 瓣　　　　鹽・1 小匙
洋蔥・1/2 顆　　　糖・2 小匙
奶油・15 公克　　起司片・1 片

作法

1. 大蒜切片，洋蔥切碎，番茄切小塊。

2. 鍋子加熱，加入奶油融化，放入蒜片和洋蔥爆香，放入番茄，加入高湯，煮滾後轉小火，蓋上鍋蓋煮 20 分鐘後關火。

3. 開蓋後，用食物調理棒將鍋內食材打成濃稠狀，加入鹽和糖調味。

4. 開火，再加入起司片，煮到起司融化即可。

茄汁雞肉蔬菜濃湯

〔2人份〕

材料

雞胸肉・150 公克
高麗菜・50 公克
蘑菇・20 公克
白花椰菜・50 公克
雞高湯・1000ml
番茄義大利麵醬・
200 公克
鹽・2 小匙
黑胡椒粉・1 小匙
白胡椒粉・少許
橄欖油・少許

湯品小建議

偶爾煮番茄肉醬義大利
麵會有剩餘醬汁，這時
就可以用來煮湯，方便
又不浪費。

作法

1. 雞肉切成一口大小，撒鹽和白胡椒粉抓醃後靜置 10 分鐘。

2. 將所有蔬菜洗淨，高麗菜撕小片，白花椰菜分切小朵，蘑菇切半。

3. 湯鍋加熱，加橄欖油，油熱了之後加入作法①的雞肉，將表面煎到變白，再把作法②的
   蔬菜全放入，加入高湯，蓋上鍋蓋，滾煮 20 分鐘。

4. 開蓋後加入番茄義大利麵醬，以鹽、黑胡椒粉調味，再滾煮 20 分鐘即可。

牛肉蔬菜濃湯 ▶

〔2人份〕

材料

牛雪花肉片・200 公克

洋蔥・1/2 顆

紅蘿蔔・1/2 根

高麗菜・100 公克

牛大骨高湯・900ml

牛奶・300ml

麵粉・3 大匙

奶油・20 公克

鹽・少許

糖・少許

黑胡椒粉・少許

作法

1. 牛雪花肉片撒鹽和黑胡椒粉抓醃，靜置 10 分鐘。

2. 洋蔥、紅蘿蔔洗淨削皮後切塊，高麗菜洗淨後用手撕成小片。

3. 湯鍋加熱，放入奶油，奶油融化之後放入作法①的牛肉，煎到半熟，放入洋蔥和紅蘿蔔拌炒。

4. 分次慢慢將麵粉撒入，不停攪拌，讓麵粉能均勻附在牛肉上並且不結塊。慢慢加入高湯，加入鹽和糖調味，小火滾煮 20 分鐘。

5. 加入高麗菜、牛奶，以小火滾煮 10 分鐘即可。

鮭魚味噌湯

〔2人份〕

材料

鮭魚‧200公克
板豆腐‧100公克
白味增‧2大匙
昆布高湯‧1000ml
蔥花‧1大匙
柴魚片‧少許

湯品小建議

此道湯品很適合做湯泡飯。若不加鮭魚就是簡易的味噌湯，也可用鴻禧菇或金針菇取代鮭魚。

作法

1. 鮭魚洗淨擦乾後切塊，放入平底鍋將表面煎到金黃。

2. 取一湯鍋，倒入昆布高湯，開火煮到滾，放入切塊的豆腐及作法①的鮭魚，小火滾煮3分鐘。

3. 取一濾勺，放入白味增，在湯鍋內用筷子將味噌打散，慢慢融入湯內，放入柴魚片，再煮3分鐘，關火後撒入蔥花即完成。

麻油烏魚湯 ▶

〔2人份〕

材料

烏魚‧300 公克

黑麻油‧3 大匙

薑片‧5 片

味噌‧1 大匙

米酒‧200ml

水‧600ml

蒜苗‧2 根

湯品小建議

每年入冬,市場魚攤就會出現便宜又大尾的烏魚殼,除了可以紅燒,用麻油煎過再煮成魚湯也非常營養。

作法

1. 烏魚洗淨後輪切。蒜苗斜切備用。

2. 湯鍋加熱,開中小火,倒入黑麻油,放入薑片慢慢爆香。

3. 待薑片邊緣煎到金黃捲起,輕輕放入烏魚,將表面煎熟,倒入米酒和水煮到滾,加入味噌,蓋上鍋蓋煮 30 分鐘。

4. 起鍋前再放入蒜苗即可。

芥菜地瓜雞湯 ▷

〔2人份〕

材料

帶骨雞肉·300公克
芥菜·1顆
地瓜·1個
薑片·3片
水·1000ml
米酒·100ml
鹽·少許

湯品小建議

台灣的地瓜又甜又好
吃，和有點苦的芥菜搭
配煮湯很有互補效果。
地瓜纖維量足夠，再加
上滋補的雞湯，是一道
非常營養的湯品。

作法

1. 芥菜洗淨後切大塊，地瓜洗淨削皮後切塊。

2. 煮一鍋滾水，加鹽，將切好的芥菜氽燙30秒後撈起沖冷水。同一鍋水再放入雞肉氽燙
2分鐘後撈起。

3. 起另一湯鍋，加水1000ml煮到滾，放入薑片和雞肉，加入米酒，煮滾後轉小火，蓋上
鍋蓋煮20分鐘。

4. 開蓋後以鹽調味，放入地瓜，蓋上鍋蓋煮20分鐘。

5. 再次開蓋放入芥菜煮10分鐘即可。

鮭魚白菜湯 ▶

〔2 人份〕

材料

鮭魚・200 公克
白菜・100 公克
紅蘿蔔・1/2 顆
鴻喜菇・1 包
薑片・3 片
大骨高湯・1200ml
鹽・少許

湯品小建議

將這道湯品的鮭魚改成魚頭也非常好吃喔！魚頭用鹽及白胡椒粉醃過再煎到酥脆，和白菜湯一起煮，香氣十足。

作法

1. 鮭魚洗淨擦乾後切塊，表面撒點鹽靜置。白菜洗淨後切片，紅蘿蔔洗淨削皮後切薄片。鴻喜菇切除底部後用手一株一株撥開。

2. 鮭魚放入湯鍋，將表面煎到金黃後取出，用鍋內的油爆香薑片，放入鴻喜菇和紅蘿蔔拌炒一下，放入白菜，加入大骨高湯，煮滾後蓋上鍋蓋，轉小火煮 10 分鐘。

3. 開蓋後鋪上煎好的鮭魚，再滾煮 10 分鐘，調味後即完成。

豬肉番茄蔬菜湯 ▶

〔2人份〕

材料

豬肉片・200 公克
鹽・適量
白胡椒粉・適量
大骨高湯・1000ml
大蒜・6 瓣
洋蔥・1/2 顆
芹菜・2 根
紅蘿蔔・1/2 根
番茄・2 顆
蒜苗・2 根
黑胡椒粉・適量
番茄糊・1 大匙
（可用番茄醬取代）

┌─────────────┐
│ **湯品小建議** │
└─────────────┘

如果擔心肉片煮太久過
硬，也可以用涮的就
好。

作法

1. 豬肉片用鹽和白胡椒粉抓醃。

2. 大蒜去皮，其他蔬菜切成適當大小。

3. 湯鍋加熱，加油，油熱了之後將肉片放入炒至半熟，加入全部蔬菜與高湯，加入鹽、黑
   胡椒粉及番茄糊調味，湯滾後轉小火煮 20 分鐘即完成。

汆燙青菜

帶便當，無論是蒸便當或冷便當，為了營養均衡，青菜類是一定要的，而如何將青菜好好處理更是重要，不要小看一個小動作，它可是影響整體便當視覺的大重點喔。

［ 汆燙的必要 ］

• 去除青菜表面的雜質與少許殘留的農藥。　• 保留色澤，讓青菜看起來美觀又新鮮。

［ 汆燙的時間 ］

便當裡的青菜汆燙時間不宜太久，因為便當放置的時間較長，燙太久顏色和口感都不好，青菜大都可以生吃，可依自己的口感來決定汆燙時間。如果喜歡吃脆一點或硬一點的，汆燙時間越短越好；喜歡吃軟一點的，就汆燙久一點。但建議汆燙時間不宜超過 90 秒。

• 葉菜類：10 秒　　　　　　　　• 根莖類（切薄片）：90 秒

• 豆類（四季豆、甜豆等）：60 秒　• 花椰菜：60 秒

• 秋葵：30 秒

［ 汆燙的基本方法 ］

1. 青菜洗淨（有些要先削皮或切）。

2. 起一鍋水，加 1 ～ 2 匙鹽。

3. 水滾之後放入青菜，涮 10 ～ 60 秒不等。

4. 撈起後放入冰水中冰鎮，待溫度降低即可瀝乾，放入保鮮盒。（也可前一天先燙好冷藏，第二天直接放入便當盒內）。

meimaii 美賣

掃QRcode
來逛逛

直接搜尋

| meimaii.com 🔍 |

宜手作《冷便當》專屬折扣

輸入優惠碼，meimaii 美賣 全站滿 2,000 即可優惠 150 元
使用期限至 2019 年 4 月 15 日止

YIFANG2019

FRATELLI MANTOVA
SINCE 1905

義大利進口－噴霧式橄欖油

一 油 未 盡　噴 出 美 味

獨家專利

三段式噴頭　1壓＝1ML

美味好菜上桌　不再油膩膩

Litex Shop

掃瞄 QR Code
於指定線上通路
購買即可享優惠

THERMOS.

我的料理小館
膳魔師食物燜燒罐

THERMOS®
Lifestyle Cooking

CB JAPAN 生活‧家事‧器皿

CB JAPAN，來自日本的設計感生活用品，是一個美學與實用性兼具的品牌。以變化、基本及日新、日又新、又日新的核心理念因應市場潮流，著重於商品設計及開發，是日本成長最快速的居家生活用品之自創品牌之一。

• 台灣總代理：晴虹實業有限公司
FB 粉絲專業：CB Japan in Taiwan
官網：www.sun-bow.com

unopan

Bring your chef home

無油空氣油炸烤箱

熱旋風循環調理設計 （烘烤＋空氣油炸）

14L

家用科技新食代
料理健康你最愛

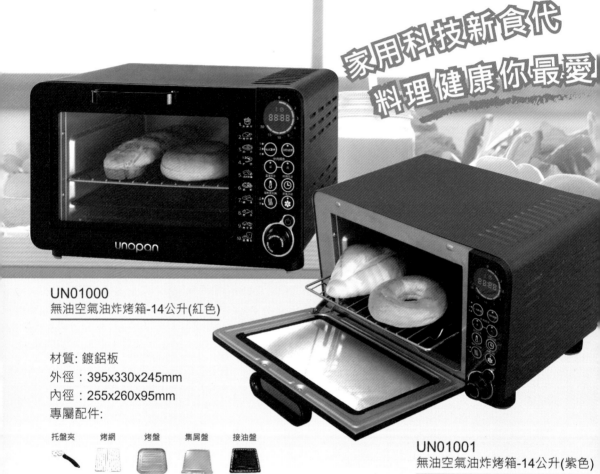

UN01000
無油空氣油炸烤箱-14公升(紅色)

材質：鍍鋁板
外徑：395x330x245mm
內徑：255x260x95mm
專屬配件：

| 托盤夾 | 烤網 | 烤盤 | 集屑盤 | 接油盤 |

UN01001
無油空氣油炸烤箱-14公升(紫色)

數位科技面板

數位面板1指操控好簡單！
30分定時裝置，便利操控。

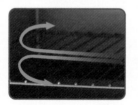

熱旋風循環調理設計

熱旋風循環調理設計，使
食材表面烘烤，可呈現出
外脆內嫩的口感。

可調節烘烤吐司色澤

烘烤色澤可以自由選擇，
深淺自由配，讓您餐餐都
吃得賞心悅目！

多元自動調理模式

10種自動調理模式，
簡易輕鬆好便利。

三能食品器具股份有限公司
SANNENG BAKEWARE CORPORATION

 FB
 LINE@
 Youtube

積木文化

104 台北市民生東路二段141號5樓

英屬蓋曼群島商家庭傳媒股份有限公司　城邦分公司

請沿虛線對摺裝訂，謝謝！

部落格	**CubeBlog**
	cubepress.com.tw
臉　書	**CubeZests**
	facebook.com/CubeZests
電子書	**CubeBooks**
	cubepress.com.tw/books

積木生活實驗室
部落格、facebook、手機app
隨時隨地，無時無刻。

非常感謝您參加本書抽獎活動，誠摯邀請您填寫以下問卷，並寄回積木文化
（免付郵資）抽好禮。積木文化謝謝您的鼓勵與支持。

1. 購買書名：_____

2. 購買地點：□書店，店名：_____，地點：_____縣市
　　□書展 □郵購 □網路書店，店名：_____ □其他_____

3. 您從何處得知本書出版？
　　□書店 □報紙雜誌 □ DM 書訊 □朋友 □網路書訊　部落客，名稱_____
　　□廣播電視 □其他_____

4. 您對本書的評價（請填代號 1 非常滿意 2 滿意 3 尚可 4 再改進）
　　書名_____ 內容_____ 封面設計_____ 版面編排_____ 實用性_____

5. 您購書時的主要考量因素：（可複選）
　　□作者 □主題 □口碑 □出版社 □價格 □實用 其他_____

6. 您習慣以何種方式購書？□書店 □書展 □網路書店 □量販店 □其他_____

7-1. 您偏好的飲食書主題（可複選）：
　　□入門食譜 □主廚經典 □烘焙甜點 □健康養生 □品飲(酒茶咖啡) □特殊食材 □ 烹調技法
　　□特殊工具、鍋具，偏好 □不銹鋼 □琺瑯 □陶瓦器 □玻璃 □生鐵鑄鐵 □料理家電（可複選）
　　□異國／地方料理，偏好 □法 □義 □德 □北歐 □日 □韓 □東南亞 □印度 □美國（可複選）
　　□其他_____

7-2. 您對食譜／飲食書的期待：（請填入代號 1 非常重要 2 重要 3 普通 4 不重要）
　　作者知名度_____ 主題特殊／趣味性_____ 知識＆技巧_____ 價格_____ 書封版面設計_____
　　其他_____

7-3. 您偏好參加哪種飲食新書活動：
　　□料理示範講座 □料理學習教室 □飲食專題講座 □品酒會 □試飲會 □其他_____

7-4. 您是否願意參加付費活動：□是 □否；（是──請繼續回答以下問題）：
　　可接受活動價格：□ 300-500 □ 500-1000 □ 1000 以上 □視活動類型上 □無所謂
　　偏好參加活動時間：□平日晚上 □週五晚上 □周末下午 □周末晚上

7-5. 您偏好如何收到飲食新書活動訊息
　　□郵件文宣 □ EMAIL 文宣 □ FB 粉絲團發布消息 □其他_____

★歡迎來信 service_cube@hmg.com.tw 訂閱「積木樂活電子報」或加入 FB「積木生活實驗室」

8. 您每年購入食譜書的數量：□不一定會買 □ 1~3 本 □ 4~8 本 □ 9 本以上

9. 讀者資料 ・ 姓名：_____
　　・ 性別：□男 □女　・ 電子信箱：_____
　　・ 收件地址：_____

（請務必詳細填寫以上資料，以確保您參與活動中獎權益！如因資料錯誤導致無法通知，視同放棄中獎權益。）
　　・ 居住地：□北部 □中部 □南部 □東部 □離島 □國外地區
　　・ 年齡：□ 15 歲以下 □ 15~20 歲 □ 20~30 歲 □ 30~40 歲 □ 40~50 歲 □ 50 歲以上
　　・ 教育程度：□碩士及以上　□大專　□高中　□國中及以下
　　・ 職業：□學生　□軍警　□公教　□資訊業　□金融業　□大眾傳播　□服務業　□自由業
　　　　　　□銷售業　□製造業　□家管　□其他_____
　　・ 月收入：□ 20,000 以下 □ 20,000~40,000 □ 40,000~60,000 □ 60,000~80000 □ 80,000 以上
　　・ 是否願意持續收到積木的新書與活動訊息：□是　□否

非常感謝您提供基本資料，基於行銷及客戶管理或其他合於營業登記項目或章程所定業務需要之目的，家庭傳媒集團（即英屬蓋曼群商家庭傳媒股份有限公司城邦分公司、城邦文化事業股份有限公司、書虫股份有限公司、墨刻出版股份有限公司、城邦原創股份有限公司）於本集團之營運期間及地區內，將不定期以 MAIL 訊息發送方式，利用您的個人資料（資料類別 :C001、C002 等）於提供讀者產品相關之消費訊息，如您有依照個資法第三條或其他需服務之處，得致電本公司客服。我已經完全瞭解上述內容，並同意本人資料依上述範圍內使用。

_____（簽名）

內頁標示 ▶ 符號即有示範影片，連結請掃QRcode碼或鍵入網址

示範影片
cubepress.com.tw/download-perm/bento

以 Youtube 觀看
goo.gl/noFMyb

五味坊 107

一起帶・冷便當

國民媽媽教你輕輕鬆鬆30分鐘做出粉絲狂讚、美味又健康的每日餐盒

作　　　者／宜手作
攝　　　影／王正毅、高大鈞

出　　　版／積木文化
總　編　輯／江家華
主　　　編／洪淑暖
版　　　權／沈家心
行 銷 業 務／陳紫晴、羅仔伶

發　行　人／何飛鵬
事 業 群 總 經 理／謝至平
　　　　　　城邦文化出版事業股份有限公司
　　　　　　台北市南港區昆陽街16號4樓
　　　　　　電話：886-2-2500-0888　傳真：886-2-2500-1951

發　　　行／英屬蓋曼群島商家庭傳媒股份有限公司城邦分公司
　　　　　　台北市南港區昆陽街16號8樓
　　　　　　客服專線：02-25007718；02-25007719
　　　　　　24小時傳真專線：02-25001990；02-25001991
　　　　　　服務時間：週一至週五上午09:30-12:00；下午13:30-17:00
　　　　　　劃撥帳號：19863813　戶名：書虫股份有限公司
　　　　　　讀者服務信箱：service@readingclub.com.tw
　　　　　　城邦網址：http://www.cite.com.tw

香港發行所／城邦（香港）出版集團有限公司
　　　　　　地址：香港九龍土瓜灣土瓜灣道86號順聯工業大廈6樓A室
　　　　　　電話：(852)25086231　｜　傳真：(852)25789337
　　　　　　電子信箱：hkcite@biznetvigator.com

馬新發行所／城邦（馬新）出版集團 Cite（M）Sdn Bhd
　　　　　　41, Jalan Radin Anum, Bandar Baru Sri Petaling, 57000 Kuala Lumpur, Malaysia.
　　　　　　電話：(603) 90563833　｜　傳真：(603) 90576622
　　　　　　電子信箱：services@cite.my

美術設計／曲文瑩
製版印刷／上晴彩色印刷製版有限公司

城邦讀書花園
www.cite.com.tw

2019年3月5日　初版一刷
2024年8月7日　初版十八刷
定價／360元　ISBN 978-986-459-171-8（紙本／電子版）
版權所有・翻印必究

Printed in Taiwan.

國家圖書館出版品預行編目（CIP）資料

一起帶・冷便當
國民媽媽教你輕輕鬆鬆30分鐘，做
出粉絲狂讚、美味又健康的每日餐
盒/宜手作著. -- 初版. -- 臺北市：
積木文化出版：家庭傳媒城邦分公司
發行, 2019.03
136面；17×23公分. --（五味坊；
107）
ISBN 978-986-459-171-8（平裝）

1.食譜

427.17　　　　　　　108000372